Lim Kyung Keun

Creative Hair Style Design

임경근의 크리에이티브 헤어스타일 디자인

Written by Lim, Kyung Keun

(주)광문각출판미디어
www.kwangmoonkag.co.kr

헤어스타일 트렌드 발전소

헤어스타일을 디자인하여야 아름답습니다

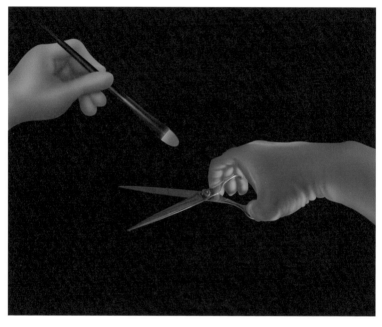

Lim Kyung Keun

Creative Hair Style Design

임경근의 크리에이티브 헤어스타일 디자인

Written by Lim, Kyung Keun

임경근은 국내 및 일본 헤어숍 8년 근무, 세계적인 두발 화장품 회사 근무, 헤어숍 운영 28년의 경험을 쌓고 있으며, 90년대 중반부터 얼굴형, 신체의 인체 치수를 연구하고 관상 심리를 연구했으며, 헤어스타일 디자인을 위해 미술을 시작하여 미용 이론과 현장 경험을 토대로 디자인적 가치관을 정립하여 독창적 헤어스타일 디자인을 창출하는 데 노력하고 있습니다.

15년 전부터 AI 시대를 대응하여 얼굴형을 분석하여 헤어스타일을 상담하고 정보를 공유하는 시스템에 대한 연구를 통해 관련 기술과 콘텐츠를 축적하고 있으며, 차별화되고 혁신적인 헤어숍 시스템 서비스를 준비하고 있습니다.

임경근은 헤어 메이크업뿐만 아니라 미술, 포토그래피, 디자인(웹, 앱디자인, 편집디자인, 인테리어 디자인 등), 디지털 일러스트레이션을 토대로 헤어스타일 디자인과 트렌드를 제시하고 퀄리티 높은 콘텐츠를 제작하고 있습니다.

저서
- Hair Mode 2000(헤어스타일 일러스트레이션 & 헤어 커트 이론)
- Hair Mode 2001(헤어스타일 일러스트레이션 & 헤어 커트 이론)
- Hair Design & Illustration
- Interactive Hair Mode(헤어스타일 일러스트레이션)
- Interactive Hair Mode(기술 매뉴얼)
- Lim Kyung Keun Creative Hair Style Design
- Lim Kyung Keun Hair Style Design—Woman Short Hair 270
- Lim Kyung Keun Hair Style Design—Woman Medium Hair 297
- Lim Kyung Keun Hair Style Design—Woman Long Hair 233
- Lim Kyung Keun Hair Style Design—Man Hair 114
- Lim Kyung Keun Hair Style Design—Technology Manual

Face
Form
Analysis
Hair Style
Design
Makeup
Wedding
Satisfacion
Be moved

들어가기 전에 · · ·

Innovation by Design

예술과 과학을 통한 아름다움 창조

자연과 사람을 사랑하면 아름다운 헤어스타일을 디자인할 수 있습니다

이제는 개성 있는 다양한 헤어스타일을 디자인해야 합니다!

사람들은 자신의 얼굴형에 잘 어울리면서 건강한 머릿결과 손질하기 편한 개성 있는 헤어스타일을 하고 싶어 합니다.

저자인 임경근은 1990년대 초부터 예술과 과학을 통한 아름다움 창조라는 가치를 추구해 왔습니다.
얼굴형과 신체의 인체 치수 연구를 하고 헤어스타일 디자인을 위해 미술을 시작했습니다.
건강한 머릿결을 유지하면서 손질하기 편한 헤어스타일을 조형하기 위한 과학적이고 체계적인 헤어커트 기법을 연구하던 중 1990년대 후반 역학적인 원리를 이용한 헤어스타일 조형 기법을 개발했습니다.
인공지능 시대가 빠르게 다가오고 사람들의 가치관, 미의식도 변화하여 자신만의 아름다운 개성을 표현하고 싶어 합니다.
단순한 몇 가지의 헤어스타일을 반복해서는 좋은 헤어스타일을 할 수가 없습니다.
사람들을 분석하고 사람들에게 어울리고 사람들이 좋아하는 다양한 고급스러운 헤어스타일의 개성을 디자인하여야 합니다.
자신에게 어울리고 자신의 개성을 자유롭게 표현할 수 있는 자신만의 헤어스타일을 해야 다양한 개성이 표출되고 뷰티 문화가 발전합니다.

한류, K뷰티가 세계 사람들에게 전해지고 좋아한다고 합니다.
우리의 뷰티 문화가 세계의 사람들과 공유되고 진정으로 소통되려면 모방되거나
획일적 헤어스타일이 아닌 창조적이고 개성화되고 독창적인 헤어스타일을 디자인
하여야 합니다.
문화는 다양성을 추구하고 소비되었을 때 발전합니다.

저자인 임경근의 헤어스타일 디자인의 토대는 자연과 사람입니다.
자연과 사람을 사랑하고 좋아하면 좋은 디자인을 할 수 있습니다.

2022년 8월 15일

임 경 근

추천사

| 정화예술대학교 한기정 총장 추천사 |

미용은 아름다움을 추구하는 인간의 본성적 행동입니다. 미용의 기초는 삶을 가꾸고 몸을 아름답게 꾸미는 것에서 출발합니다. 그것은 우리가 가진 아름다움에 대한 감각이 바로 우리의 삶과 우리의 몸에서부터 비롯되기 때문이며, 인간을 떠나서는 결코 성립하지 않는다는 의미이기도 합니다.
삶의 향상과 더불어 국민 건강 증진에 이바지하면서 발전해 온 미용은 시대의 흐름에 발맞추어 그 부가가치가 더욱 높아지고 있고, 아름다움에 대한 창조와 이를 실생활에 직접 응용할 지식 습득의 요구가 증가하고 있습니다.

그중 헤어스타일은 대다수 사람의 주요 관심사입니다. 개인은 어떤 스타일이 자기에게 잘 어울릴 것인가를 지향하면서 개성을 표현하고자 합니다. 헤어스타일은 사회생활을 하는 데 있어서 자신감을 줄 수 있는 외모의 상당 부분을 차지합니다.
머리 손질을 완료하기 전에 자신에게 잘 어울리는 헤어스타일인지를 한번 확인해 보고자 하는 것은 미용실을 드나드는 고객들의 한결같은 바람일 것입니다. 헤어스타일을 전적으로 헤어 디자이너에게 의존할 수밖에 없고, 또 머리카락은 한 번 손질하면 복구가 쉽지 않기 때문입니다.

이러한 소망을 담아 구성한 것이 이 책 《임경근 크리에이티브 헤어스타일 디자인》입니다. 저자는 예술의 한 장르로써 헤어스타일 디자인을 하고 싶어서 헤어스타일 일러스트를 하였고, 오랫동안 꾸준히 그려온 914세트의 헤어스타일 작품과 역학적인 원리를 활용한 헤어스타일 조형의 기술 매뉴얼, 헤어스타일 상담 기법, 헤어디자인 등을 이 책에 수록하였습니다.

책의 이모저모를 유심히 살핀 후 가슴이 뿌듯했습니다. 저자의 오랫동안 노고에 경의를 표하며, 한국 미용의 위상을 높이는 데 유용한 참고가 되겠다고 생각합니다. 미용계 역사에 길이 남을 큰 업적으로 평가되며, 미용업계에 몸담은 전문가뿐만 아니라 미용 대학에서 수학하고 있는 학생들에게도 많은 도움을 주리라 믿어 의심치 않습니다. 앞으로 미용 분야 학문 발전에 크게 이바지하기를 기원합니다.

2022년 盛夏之節

한 기정

CONTENTS

• 임경근의 인생 이야기	009
• 헤어스타일 디자인 & 상담 기법	025
• 얼굴형에 어울리는 헤어스타일 디자인	029
• 고객 상담 가이드	050
• 헤어스타일의 개성화	055
• 임경근 헤어스타일 일러스트레이션	061
• Woman Short Hair Style 89	062
• Woman Medium Hair Style 100	069
• Woman Long Hair Style 53	077
• Man Hair Style 26	082
• 임경근 헤어스타일 디자인 914가지를 소개합니다	085
• Woman Short Hair Style 270	086
• Woman Medium Hair Style 297	110
• Woman Long Hair Style 233	136
• Man Hair Style 114	157

임경근의 인생 이야기

안녕하세요 임경근입니다.

제가 뷰티를 한 지도 35년이 되었습니다.
화장품회사 5년 근무, 헤어숍 운영 26년 등 뷰티 생활을 하고 있습니다.
지금으로부터 15년 전 헤어디자인 이론 정립, 헤어스타일 일러스트레이션 등의 내용
으로 서적 5권을 출간했습니다.

당시 책을 출간한 목적은 헤어스타일을 구체적으로 상담하고 디자인하여 고객의 얼
굴형에 어울리는 다양하고 개성 있는 헤어스타일 디자인을 통해서 고객 만족을 실현
해야 성공하는, 고객이 감동하는 헤어스타일 디자인을 완성할 수 있다 생각했습니다.

2005년 이후 헤어스타일 디자인, 가상 체험인 헤어스타일 피팅 시스템에 관심과 연
구를 시작했습니다.
이전에 해외 및 국내의 헤어스타일 피팅 시스템을 봤었고 문제와 한계를 분석했기에
본격적으로 연구 개발을 시작했고, 10여 년의 연구 개발을 통해서 헤어스타일 914세
트(1세트: 정면, 측면, 후면 헤어스타일)를 제작했고 헤어스타일 가상 체험 시스템
(웹, 앱)을 개발하고 있으며 서비스 예정입니다.

35년 동안 헤어디자이너로서의 삶이 담긴 914세트의 헤어스타일의 작품과 역학적인
원리를 활용한 헤어스타일 조형의 기술 메뉴얼, 헤어스타일 상담 기법, 헤어디자인
등의 내용으로 6권의 서적이 나오는 과정을 쉽게 이해하실 수 있도록, 임경근의 뷰티
생활의 인생 이야기를 수록했습니다.

6권의 서적과 헤어스타일 가상 체험 시스템, 교육 시스템을 통해서 고객 만족과 헤어
디자이너로서의 긍지가 높아지고 삶의 질이 크게 향상되는 데 도움이 되시기를 희망
합니다.

임경근의 인생 이야기

| 어느 시골 청개구리의 꿈 |

저는 청개구리 삶을 살았습니다.

어린 시절 어머니께서는 친구들과 다르게 엉뚱하고 다른 생각을 한다고 청개구리라 하였습니다. 청개구리는 저의 애칭이 되었고 가까운 지인이 영어로 B(Bliue) Frog Lim이라 불러 주었습니다. 친근감이 느껴져서 좋습니다.

청개구리 헤어디자이너 임경근이 지금까지 노력하고 가꿔온 헤어스타일 디자인의 비전에 대한 이야기를 하려고 합니다. 저의 유년기, 청소년기는 한국사 세계사는 시간 여행의 즐거움이 있어 관심이 있었지만, 수업 시간에는 상상을 하는 것을 좋아했고, 노트와 교과서는 낙서나 그림으로 채워졌습니다.

자동차가 거친 들판, 산, 강, 바다도 자유로이 다니고 날기까지 하는 상상은 저를 즐겁게 하였습니다. 매일 잠이 들기 전에도 상상을 하면서 잠을 자고 꿈나라 여행을 했습니다. 게다가 저는 호기심이 많아서 새로운 것, 낯선 것, 보이지 않는 것에 대한 관심이 많았고 친구들에게 이야기하는 것을 좋아했습니다.

방학이면 산과 들판, 냇가에서 신나게 놀았던 추억이 아련합니다. 자연을 좋아했고 여름방학이 끝나면 봉숭아 물을 들인 남학생은 저 혼자였고, 어릴 적부터 예쁜 것을 좋아했던 것 같습니다.

농촌에서 자랐지만, 친구들은 농번기에는 부모님 일손을 도왔지만 7남매 중 막내로 태어나서인지 형제 중 체격도 작고 약해서 집에서 혼자 자유롭게 놀았습니다.

우리 집은 일제강점기와 6·25를 겪으면서 전통 선비 집이 몰락을 했었고, 가난한 집에서 자란 나는 부모님의 사랑은 많이 받았지만 대학 진학에 대한 목표가 없었고 열등감과 방황을 하는 학창 시절을 보냈습니다.

임경근의 인생 이야기

|꿈을 안고 서울에 올라오다|

20세에 서울로 올라 와서 처음 강서구 염창동 공업사에서 철일을 시작했습니다. 공장 생활 이후 경기도 연천에서 보급 행정병으로 군 생활을 하였습니다.

부대의 보급 행정 업무, 차트 제작, 목공일, 옷 수선, 이발까지 바쁘게 군 생환을 했고, 인정받으면서 자신감도 생기고 공부를 하고 싶다는 생각을 처음으로 하기 시작하였습니다.

제대 후 1년만 열심히 공부하면 명문대를 갈 수 있다는 자신감도 있었지만, 여건 이 안 되어서 결국 포기했습니다.

군대를 전역한 후 인테리어 디자인을 공부하려고 1년제 디자인 학원을 등록하고, 공장에서 일하면서 3개월을 다녔습니다.

공모전에 입상도 하고 학원비도 50%로 감면을 받았으나 공장에서 인건비를 못 받으면서 포기하고, 고민하다 헤어, 메이크업을 하기로 결심했습니다.

임경근의 인생 이야기

| 헤어디자이너의 꿈 |

인테리어 디자인의 꿈을 접고 헤어디자이너의 직업을 선택할까 고민을 했습니다. 당시 남자들이 하지 않았고 전국적으로 보면 수백 명 정도이고, 남자들이 많이 하지 않는 분야여서 호기심과 매력을 느꼈습니다. 저 자신이 잘할 수 있을까 걱정도 되고, 한다면 다섯 손가락 안에 드는 사람은 되어야 하는데 역경과 고난을 이겨 낼 수 있을까 고민하면서 직업을 선택했습니다.

미용학원을 다닐 수 있는 형편이 되지 않아 혼자 이론을 공부하고, 주변의 도움으로 실기 시험을 준비해서 미용사 자격증을 취득했습니다.

헤어숍에서 일을 시작하면서 거의 쉬는 날 없이 일하면서 공부하고 개인 트레이닝을 했습니다. 1986년 당시는 근로기준법이 적용되지 않아서 한 달에 겨우 두 번 쉬고, 매일 8시에 출근해서 10시까지 일을 했습니다. 집에 오면 그날의 서비스 과정을 상세하게 기록하고 새벽 1~2시까지 트레이닝을 했습니다.

노력의 덕분인지 6개월 만에 고객의 요청으로 헤어 커트를 시작하고, 1년 만에 업 스타일까지 하는 헤어스타일리스트가 되었습니다.

헤어숍에서 일을 시작한 지 2년여 만에 고객의 제안으로 쥬리아 화장품에 방문해 달라는 요청을 받고 쉬는 날에 방문을 해서 이력서, 자기 소개서를 제출했습니다. 당시 부장께서 자필을 의심했는지 다시 쓸 수 있느냐 요청을 받고 회의실에서 작성해서 제출했습니다. 나중에 들은 얘기지만 자기 소개서 내용과 필체를 인정받아서 채용을 했다 합니다.

1988년 1월 8일 쥬리아 화장품 기획실에 첫 출근을 하였습니다.

출근 후 처음 업무가 새해 기획실 업무 보고 브리핑 차트를 만드는 것이었습니다. 당시 회사 간부들의 자료를 받아서 군대에서 했던 방식으로 차트를 만들었습니다. 후에 들은 얘기지만, 기획실장께서 업무 보고를 하는 중, 사장님이 저 글씨를 누가 썼냐고 물었다고 합니다.

임경근의 인생 이야기

기획실은 명문대 출신이 많았습니다. 내면의 열등의식도 있었고, 공부를 해야 원하는 삶을 살 수 있겠다는 생각을 했습니다.

저의 인생에서 처음으로 공부를 시작했습니다. 매일 아침 6시에 출근을 하고 저녁 늦도록 회사에서 공부를 했습니다. 28세에 늦깎이로 시작한 공부여서 몇 개월은 어려움도 있었지만 차츰 학습 효과가 높아지고 2년 후부터는 내면의 열등감은 사라지고 자신감도 생겼습니다.

입사 그해 8월에 일본으로 연수를 갔습니다. 매일 오전 9시부터 오후 6시까지 교육을 받으면서 국내에서 알지 못했던 차원 높은 내용이어서 흥미롭고 즐거웠습니다. 당시는 한국과 기술 격차가 커서 첨단 미용 기술을 배우는 계기가 되었습니다.

연수 후 이탈리아 출신 세계적인 헤어스타일리스트 Mr. Dike를 초청해서 한 달 동안 한국의 헤어숍 원장님들의 세미나를 진행하면서 나의 미용 기술이 변화와 혁신을 하는 전환점이 되었습니다. 도제식으로 배우고 익혀서인지 체계적이지 않고 주먹구구식 기술이었다는 것을 알게 되었고, 크게 자극을 받았고 반성을 했습니다.

내가 가지고 있는 나쁜 기술을 과감하게 버리고 새로운 기술 축적과 디자인 능력을 위해 노력했습니다. 자비로 비싼 해외 서적(유럽이나 일본) 3권을 연간 구독해서 자료를 축적하고, 매일 4개의 신문을 구독하고 관련 기사가 있으면 스크랩하여 모으고 분석을 했습니다.

나의 감성과 패션 감각을 높이기 위해 틈만 나면 주요 쇼핑 센터를 분석했습니다. 미용을 하기 전 패션을 하고 싶었고 미용과 패션은 밀접한 관계를 가지고 있어서 트렌드를 이해하고 분석하는 데 도움이 되었습니다. 패션에 대한 관심이 많아서 의상 관련 자료를 지속적으로 수집했습니다.

저의 기술 수준을 높이기 위해 휴일에도 출근해서 트레이닝을 했는데, 기술의 완성도를 높이기 위해서는 기본 기술의 숙련도가 중요하다고 생각했습니다. 파마, 와인딩 연습을 롯드 55개를 사용해서 매일 3회 반복적으로 연습했는데 3개월 후 9분 내에 와인딩을(경력자도 20분 내에 하기 어려움) 했습니다. 저의 손길은 이전과 다르게 섬세하게 부드러워져 있었습니다.

임경근의 인생 이야기

1989년 겨울, 공부에 대한 열정이 있어 새로운 목표를 설정하고 도전하기 위해 회사를 그만두고, 일본 유학을 갔습니다. 일본 헤어숍에서 일을 하면서 공부를 계속하다 보니, 처음 갔을 때 일본의 기술 수준이 높아 보였는데 특별하게 새로움이 느껴지지 않았고 감동이 없어서 귀국을 결심했습니다.

1991년 피어리스 화장품에 입사를 했습니다. 첫 출근하는 날 내 책상 위에 보리차 물컵이 올려져 있었습니다. 기획실로 처음 출근하던 날 나를 소개하는 인사말에서 여직원들에게 물, 차 심부름을 시키지 말고 엘리베이터도 여성 먼저 타게 해야 한다고 했습니다. 화장품 회사는 여성을 아름답게 하는 기업이어서 여성을 이해하고, 위하는 마음으로 연구를 하고 제품을 만들어야 좋은 제품이 만들어지고 고객이 공감하고 감동한다고 얘기를 했습니다. 31세 자유로운 청년의 제안에 순간 분위기가 경직되었지만 이후 근무 환경이 개선되었습니다.

그해 해외 유명 헤어스타일리스트와 함께 빅 헤어 쇼(서울, 2500명 헤어숍 원장 초청)를 하고 부산에서도 헤어 쇼를 개최했습니다. 행사가 끝나고 해외 스타일리스트와 업체 관계자에게 저를 알리는 계기가 되었는데, 저녁 시간에 미국 회사 관계자가 미국에 갈 의향을 물었습니다. 소속된 회사가 있어서 정중히 사양했지만 훗날 후회하기도 했습니다.

기업 생활은 일본 포함 5년을 일을 했지만 조직 생활에서의 갈등, 고민이 쌓이기 시작했습니다. 고객을 위한 가치 창조, 최고의 기술, 상품, 디자인을 해서 최고가 되자라고 건의하고 주장했지만 32세 청년은 경직된 회사 조직의 벽이 높았고 변화가 어렵다는 것을 실감하며 사표를 냈습니다.

당시 기업들은 새로운 것을 연구해서 혁신적인 시스템을 만들고 도전하는 것보다는 상품도 마케팅도 선진국을 모방해서 운영하는 쉬운 방법을 선택했습니다. 기획안이나 마케팅 플랜을 보면 모방이고 차별화, 혁신과는 거리가 멀었지요. 저는 비전이 없는(그 후 IMF 때 몰락함) 회사에서는 근무하지 않기로 결심하고 사표를 냈습니다. 급여 인상 등을 제안받았지만 출근하지 않았는데, 이후 한 달 만에 사표가 수리되었습니다. 그 후 여러 회사에서 같이 하자는 제안이 있었지만 기업 생활은 하지 않기로 했습니다.

임경근의 인생 이야기

| 꿈을 위해 새로운 도전을 선택했습니다 |

1993년 사업 자금이 없었지만 미용하시는 분의 도움을 받아서 외진 곳에 작은 헤어숍(실평수 12.7평)을 오픈했습니다. 가까운 곳에 대형 헤어숍들이 성업하고 있었지만. 초기 한두 달만 어렵게 운영했습니다. 위치가 외진 곳이라서 하루 매출이 고작 몇만 원을 올린 날도 있었지만, 단골 고객이 많아지면서 6개월 후 고객이 가득 찼습니다. 당시 유명 연예인 파마(나선형으로 와인딩 해서 꼬여 있고 탄력 있는 파마)가 전국적으로 유행했는데, 당시 저의 헤어숍은 유행을 따라 하지 않고 새로운 헤어스타일을 제안했습니다.

탄력이 강한 파마는 강하고 거칠어 보이고 자연스럽지 않고 손상되므로, 세팅 컬처럼 굵게 하거나, 풀려 보여서 율동감, 자연스러움, 건강함, 청순함, 여성스러움이 강조되는 헤어스타일을 제안하였는데 대학생 등 젊은 여성들의 반응이 좋았습니다.

당시 저희 헤어숍은 고객과의 상담이 가장 중요하다고 생각했으며, 상담 기법을 개발하여 직원들을 교육하였고, 헤어디자이너로 승급을 할 때는 1개월간 고객 상담 기법을 반복적인 리허설을 통해서 고객의 생각을 들어주고 구체적으로 제안해서 유행을 따라 하는 것이 아닌, 고객의 얼굴형, 모질, 취향을 분석하여 어울리는 개성 있는 다양한 헤어스타일을 연출하기 위해 노력했습니다. 단골 고객도 매번 같은 스타일을 서비스하지 않고 조금씩 변화를 주는 새로운 개성화 스타일을 제안했습니다. 고객의 반응이 폭발적이었습니다.

처음 헤어숍이 '3미 뷰티클럽'이었는데, 3미란 건강한 아름다움, 얼굴형에 어울리는 헤어스타일의 아름다움, 손질하기 편한 헤어스타일의 아름다움이었습니다. 제가 처음 미용을 시작할 때부터 고객의 입장에서 생각하고 고객이 안심하고 감동하려면 건강한 머릿결, 얼굴형에 어울리는 개성, 손질하기 편한 헤어스타일을 추구하였는데, 고객들이 좋아하고 인정해 주어 손님이 많아져서 하루하루 파김치가 되도록 일을 했습니다. 작은 헤어숍에서 5~6명이 일을 할 정도로 붐볐었지요….

일을 즐겁게 해야 하는데, '오늘은 손님의 머리를 어떻게 다하지!' 걱정하며 출근하는 날이 많아졌습니다. 일의 노예가 되어 가고, 고객이 많으니 품질도 낮아지고 회의감이 밀려왔습니다.

임경근의 인생 이야기

| 헤어스타일 디자인을 위해 미술을 시작했다 |

1995년 넓은 공간의 대형 헤어숍을 열고 저는 본격적으로 그림을 그리기 시작했습니다.

미술을 해야겠다고 결심한 배경은 미용을 처음 결심을 했을 때, "세계 최고 디자이너가 되자."라는 목표를 설정했었고, 고객에게 아름다운 헤어스타일을 디자인하기 위해서는 미술이 토대가 되어야 한다고 생각했습니다. 헤어라는 기능적인 한계를 뛰어넘어 아트적, 디자인적, 문화 예술적인 분야로 고급화해서 발전시켜야 한다고 생각했습니다.

동양인의 얼굴형 인체지수, 관상 심리, 미술, 포토, 디자인, 트렌드를 연구하기 시작했습니다. 깊이 있는 연구를 토대로 헤어스타일 트렌드와 다양한 헤어스타일 디자인을 제시하게 되면 세계의 헤어스타일이 되어 공감하고 선도할 수 있다고 판단했습니다. 특히 미술이나 음악 등 나 자신이 가지고 있는 재능으로 연구하고 최선의 노력을 하면 세계 최고가 될 수 있다고 생각했습니다.

어릴적 부터 개성이 강하고 자유로운 저는 모방을 하거나 따라 하는 것을 싫어했습니다.

내가 디자인하고 만든 헤어스타일이 고객에게 감동을 주고 세계의 많은 헤어스타일리스트들에게 공감을 주어야 한다고 생각했습니다. 고객이 감동하는 좋은 헤어스타일 디자인을 하려면 고객의 얼굴형, 체형, 취향, 라이프 스타일을 연구 분석하고 미술을 기반으로 한 디자인 능력을 쌓아야 한다고 판단했습니다.

상담할 때 필요한 헤어스타일 일러스트를 하기 시작했고, 미술 관련 서적으로 공부를 시작했습니다. 어릴 적 부모님으로부터 물려받은 재능이 있어서인지 처음에는 너무 그림이 잘 그려졌지만, 그림을 그리면 그릴수록 나 자신의 그림이 만족되어지질 않았습니다. 고객이 없는 시간에 그림을 그리고, 영업 시간이 끝나고 8시 이후부터 2~3시까지 10년 동안 그림 작업을 하고 퇴근했습니다.

임경근의 인생 이야기

10년 동안 그려온 헤어스타일, 연구한 기술, 디자인, 관상 심리 등의 내용을 정리해서 2005년부터 2007년까지 헤어스타일, 헤어디자인, 기술 메뉴얼 내용으로 5권의 서적을 출간했습니다.

2006년에는 모발의 역학적인 원리(자전, 중력, 모발의 탄력 관계 활용)를 적용하여 파마, 커트 기법을 개발하였습니다. 고객이나 헤어스타일리스트가 원하는 흐름을 쉽게 만들어서 손질하기 편한 스타일을 만드는 조형 기법입니다.

역학적인 원리의 발견과 조형 기법 개발은 1998년 아침 운동을 하기 위해 매일 운동장 트랙을 돌았는데, 모든 사람이 오른쪽에서 왼쪽 방향으로 돌고 있었습니다. 저는 같이 돌기 싫어서 반대로 돌았는데, 왜 그럴까 호기심에 물리학 관련 서적을 공부하면서 덩굴손, 태풍의 회전 방향이 지구의 자전에 영향을 받고 있고, 머리카락도 정수리의 소용돌이 흐름이 지구의 자전의 영향을 받고 있다는 것을 발견하고 기술 매뉴얼에 수록하였습니다.

국내는 물론 해외에서도 신선한 충격과 뜨거운 반응을 불러일으켰습니다. 미용분야 월간지, 언론사, 주간지에 기고를 했습니다. 수십 개 대학에서 강의 요청이 들어왔고, 세계 유명 두발 화장품회사에서 사업적 협력 제의를 받았지만 내가 하고자 하는 헤어스타일 디자인 연구와 내 꿈을 이루기 위해 모두 사양했습니다.

그동안 해왔던 월간지 등 헤어스타일, 트렌드, 기술 내용의 연재도 중단하면서 뷰티 업계에서 아웃사이더라는 오해도 받으면서 내 꿈을 이루기 위해 또 다른 도전을 결심했습니다.

인터넷과 SNS 시대에 걸맞은 헤어스타일 상담 시스템을 개발하기로 결심했습니다.

임경근의 인생 이야기

| 예술과 디지털이 결합된 새로운 시대에 적합한
혁신적인 서비스 시스템으로 미용 산업을 일으켜 세우고 싶다 |

5권의 책을 출간하고 10년 후, 세계의 뷰티 시장의 변화와 디지털 시대를 상상하기 시작했습니다.

지금까지 연구한 이론과 헤어스타일 디자인을 기반으로 미래 디지털 시대를 선도하기 위해서는 얼굴형을 인식하고, 얼굴형에 적합한 헤어스타일을 자동으로 매칭하여 제안해 주거나 헤어스타일리스트들이 고객 상담을 쉽고 다양하게 제안할 수 있는 시스템을 개발해야겠다고 생각했습니다.

당시(현재도 마찬가지) 신규 고객 만족도가 전국 평균 20% 내이고, 강남의 유명 헤어숍도 마찬가지여서, 신규 고객 만족도를 높일 수 있다면 헤어숍도, 헤어디자이너도 확실하게 성공할 수 있을거라고 생각했습니다.

고객 만족도가 낮다는 것은 고객이 좋아하고, 하고 싶은 헤어스타일을 분석, 제안하지 못하고 고객이 손질하기 편한 스타일을 조형할 수 있는 기술 수준을 갖추지 못하고 있기 때문입니다.

• 고객이 다양한 헤어스타일을 미리 해 보고 선택하는 맞춤 헤어스타일 시스템
• 헤어스타일리스트에게 체계적, 과학적, 표준화된 기술 시스템을 쉽게 익혀서 헤어 스타일 조형의 완성도를 높일 수 있는 교육 시스템
• 고객에게 가정에서 손질법, 두피, 모발, 탈모 관리, 제품 추천 등 정보를 제공받을 수 있는 프로그램

소프트웨어와 콘텐츠를 구성한 헤어스타일 가상 체험 시스템을 개발하면, 고객 만족도도 크게 높아지고 헤어숍도 각 지역에서 차별화되는 경쟁력을 확보하게 되어서 성공하는 헤어숍이 될 수 있다고 판단했습니다.

수준이 낮은 시스템이 아닌, 고객이 실제 자신의 헤어스타일처럼 느껴지는 매칭 기술, 얼굴 분석 기술의 고도화, 자동화하고 세계 최고의 헤어스타일 디자인과 고객이 좋아하는 다양한 헤어스타일 DB를 구축하면 성공할 수 있다고 판단했습니다.

임경근의 인생 이야기

최고의 헤어스타일 가상 체험 시스템을 개발하려면 어려움과 변수, 고통이 수반될 거라 생각했고, 진화하고 혁신을 해야 하고 최선의 노력을 해야 한다고 다짐했습니다.

과거, 1992년 『맨즈라이프』라는 월간지에 길거리 캐스팅(옷 잘 입는 남성)되어 인터뷰을 했었는데, 내 나이 70대에도 20대 여성의 헤어스타일을 연출해 주는 헤어디자이너가 되고 싶다고 하였는데, 지속적으로 혁신하고 진화를 계속해야 가능합니다.

지금까지 해왔고 내가 가지고 있는 재능으로 노력해서 새로운 아이템으로 사업을 하면 확실하고 차별화된 나만의 상품을 만들 수 있다고 생각했습니다. 해외의 헤어스타일 시뮬레이션 시스템을 봤지만 수준이 낮아서 상용화하기 어렵다고 생각했습니다.

헤어스타일 가상 체험 시스템을 개발하고 싶은 포부가 있었지만, 당시 컴맹이나 다름없고, IT 분야를 모르는 내가 개발할 수 있을까 수많은 고민을 했고, 사람들이 생각할 때 무모하기 짝이 없는 새로운 분야의 도전을 시작했습니다.

우연히 신문기사에서 브라이언 트레시라는 저자가 쓴 『성취심리』를 구매하여 몇 번을 반복해서 읽었습니다. 그 저자와 나의 인생 스토리가 많이 닮아 있었습니다. 어려운 가정환경, 독학으로 교수가 되고 성공하기까지의 과정, 꼭 성공한다는 마인드로 노력하면 이상을 실현할 수 있다는 내용이었습니다.

임경근의 인생 이야기

| 2008년 얼굴형에 어울리는 인공지능 헤어스타일 상담시스템을 개발하기로 결정했습니다 |

어릴 적 추운 겨울 이불 속에서 콜럼버스 모험의 책이 너무 재미있어서 여러 번을 읽었는데, 콜럼버스도 제 심정과 비슷했으리라 생각했습니다.

헤어스타일 디자인을 향한 열정과 의지는 여러 권의 IT 분야 관련 서적을 구매해서 반복적으로 읽고 관련 기사 등 자료를 모으기 시작했습니다. 인터넷에서 헤어스타일 피팅 시스템과 관련이 있을 약 1,000개 업체를 찾고 분석하고 리스트를 10개 업체로 좁혀 갔습니다.

이들 업체와 상담을 위해 개발 기획서가 필요했습니다. 약 두 달 동안 고민과 노력으로 150페이지 개발 기획서를 완성하고 개발 업체를 찾아 다니며 상담했습니다.

당시 IT 기업 대표자의 말이 저에게는 위안이 되고 힘이 되었습니다. 영상 관련 기술 프로그램 분야에서는 실력(만화 영화제작, 미술, 사진을 함)이 있는 아티스트 대표였습니다. 그 대표가 한국에 여러 헤어숍 프렌차이즈 회사들이 헤어스타일 피팅 시스템을 개발하자고 여러 번 미팅을 했는데, 가장 중요한 헤어스타일을 제작하는 노하우를 갖추고 있지 않아서 하지 않았다고 합니다.

충분한 개발 자금을 확보하고 난 후 개발을 시작해도 콘텐츠 제작이 오래 걸리기 때문에 최소 5년을 걸릴 거라 예상을 했습니다. 내가 헤어스타일 일러스트와 제작의 노하우를 갖추고 있으니 자신이 정부 자금을 확보해 오면 같이 사업을 하자고 제안하였습니다.

당시 새로 들어선 정부는 IT 분야에 관심이 없어서인지 성사가 되지 않았습니다.

임경근의 인생 이야기

2009년 후반 헤어스타일 가상 체험 시스템 엔진 개발을 진행하던 중 내 가정에 불행이 찾아왔습니다.

2009년 11월, 오랜 갈등과 생각의 차이로 아내와 이혼을 했습니다. 사랑하는 아들이 중학교 2학년이었습니다. 아들이 과학고 진학을 목표로 공부하고 있었는데, 아들에게 아픈 상처를 주었고 저에게도 충격이었습니다.

어린 아들은 앞에 두고 약속을 했습니다. "사랑하는 아들아! 아빠는 아들이 성장해 가고 잘 되는 모습을 보면서 살겠으며, 절대 재혼은 안 한다."라고 약속했고, 현재까지 아들과 약속을 지키며 13년째 싱글 대디로 살고 있습니다.

저는 헤어숍도 운영하면서 솔루션 개발과 헤어스타일 제작을 병행하며 바쁘게 일했습니다. 지금도 아들에게 표현하지만, 아들이 어릴 때는 하루 10번은 "아들아 사랑한다!" 표현하면서 뒷바라지했습니다.

일을 하고, 매일 시장을 가고, 어떻게 맛있는 음식을 해서 잘 먹일까 고민하고 요리 공부도 했습니다. 아들이 고등학교 입학하기 전 엄마가 있는 집들보다 더 잘 먹이고 싶어서 60가지의 메뉴 리스트를 작성하고 매일 다른 음식을 했습니다. 지금까지 아들의 밥상 음식은 한 번도 반찬 가게에서 산 적이 없고, 매일 시장에 가서 하루 먹을 식재료만을 사고 같은 음식을 두 번 밥상에 올리지 않는데, 정성스럽고 섬세하셨던 내 어머니를 닮았다는 생각을 합니다.

내가 더 열심히 일할 수 있었던 것은 아들에 대한 미안함과 사랑하는 아들의 힘이 에너지입니다.

임경근의 인생 이야기

| 고난과 시련 |

2008년부터 개발을 시작한 헤어스타일 가상 체험 시스템은 개발을 시작할 때는 솔루션 엔진은 6개월을 예상했지만, 얼굴 크기 및 형태를 분석하고 조절되어서 자동으로 매칭되는 엔진 개발은 매우 어려웠고 수준이 높지 않아서 3년을 개발하다 중단하고, 2011년 절치부심하며 다시 새롭게 개발하기로 결심했습니다. 지금의 개발 팀장을 만났고, 처음에는 개발을 하기 부담스러워했습니다. 내가 까다롭다는 인식이 있었고, 내가 원하는 결과물을 만들 수 있을까 걱정하는 눈치였습니다.

미팅을 하면서 개발을 해야 하는 동기 목적을 설명하고, 시장에서 쉽게 사용하려면 자동 매칭으로 완성도를 높여야 한다고 설득하였습니다. 팀장과 나는 지속적으로 미팅하고 소통하면서 개발을 하고 있습니다. 헤어스타일 제작도 그림과 같아서 처음에는 나름 자신도 있었지만, 헤어스타일 제작을 할수록 마음에 안 들어서 2013년도 이전에 제작된 수백 개 헤어스타일을 모두 버리고 다시 제작을 시작했습니다.

방대한 제작을 하려니 시간을 단축하기 위해 드로잉이 좋은 화가와 작업을 했지만, 헤어스타일의 흐름을 이해하지 못했고, 교육 훈련이 안 된 상태로 작업을 했기에 원하는 결과물을 얻지 못했습니다. 나의 판단 미스였고, 혼자 제작하기로 결심한 날 고독과 슬픔이 밀려왔습니다.

새로운 길을 개척하고 이루고자 하는 목표가 있는데 어찌 쉬운 길이었겠는가! 세상이, 신께서 나를 강하게 하기 위한 시험이라 생각했습니다. 나를 잘 아는 지인들은 편안한 삶을 살려고 쉬운 길을 선택했다면 돈도 많이 벌었을 것이라 얘기들을 합니다. 나에게는 헤어스타일 디자인에 대한 열망과 꿈이 있었기에 자신을 채찍질했습니다.

10여 년 개발을 지속하면서 여성, 남성 헤어스타일을 914세트(1세트: 정면, 측면, 후면)를 완성하고 있으며, 스타일 제작 노하우도 크게 발전하고 있습니다. 2022년에는 새로운 트렌드를 제시할 헤어스타일과 웨딩 스타일, 전통 한복 스타일이 완성하여 업데이트할 것입니다.

헤어스타일 피팅 시스템을 처음 개발할 당시의 목표대로 세계 최고 헤어스타일 디자인과 다양한 헤어스타일 교육 시스템을 완성해 가고 있습니다.

참으로 길고 긴 고난의 시간이었습니다. 수많은 변수와 어려움을 겪으면서 헤어스타일 가상 체험 시스템과 같은 새롭고 혁신적인 시스템을 개발하는 이유와 목적은 차별화되고 독점적 경쟁력을 확보할 수 있도록 공유하고 지원해서 나만의 헤어숍을 운영하고, 헤어스타일리스트들에게 디자이너로서의 전문가적인 자부심과 보람을 느끼고 삶의 질을 크게 향상시켜서 행복한 삶을 살게 하기 위해서입니다.

임경근의 인생 이야기

| 인공지능 시스템 개발, 헤어숍의 혁신 |

4차 산업혁명의 인공지능 시대가 아주 가까이 다가오고 있습니다. 현재 한국의 헤어숍은 산업 구조, 환경이 변화하는 시대에 어려움을 겪고 있습니다. 현재 한국은 인구 비례 미국의 3배, 일본의 2배가 많고 낮은 서비스 요금으로는 직원 채용이 어렵습니다. 선진국들도 과거 변화를 겪으면서 발전했습니다.

뷰티 분야가 청년들이 원하는 일자리를 창출하기 위해서는 선진국 수준의 급여, 근무 환경을 만들어야 하는데, 적정 수준의 서비스 가격을 받아야 가능합니다. 선진국들이 인구 비례 헤어숍 수가 적고 서비스 요금이 높은 것은 이유가 있고, 분석하고 참고해야 합니다.

고객이 원하고 만족하는 3대 조건은 건강한 머릿결, 얼굴형에 어울리는 헤어스타일, 손질하기 편한 스타일입니다. 특히 손질하기 편한 헤어스타일을 조형하기 위해서는 건강한 머릿결을 유지해야 하고 파마, 커트 기법이 과학적이고 체계적이어야 합니다.

고객에게 인정받고 감동을 주는 헤어숍이 되려면 현재의 운영, 기술 수준을 혁신하고 발전시키는 서비스의 고급화, 서비스 시스템을 체인지해야 가능합니다.

현재의 단순한 몇 가지 헤어스타일을 유행으로 포장되어 반복해서는 고객 만족을 실현하기 어렵습니다. 헤어스타일 상담과 디자인 능력을 크게 향상시켜서 고객의 얼굴형에 어울리는 다양한 헤어스타일을 제안해서 고객이 원하는, 하고 싶은 헤어스타일을 즐기게 해야 합니다.

세계 최고의 헤어스타일 디자인, 기술 시스템을 기반으로 인공지능형 헤어스타일 상담, 교육 시스템의 완성도를 고도화하기 위해 오늘도 노력합니다.

Face
Form
Analysis
Hair Style
Design
Makeup
Wedding
Satisfacion
Be moved

얼굴형에 어울리는 맞춤 헤어스타일 시스템

4차 산업혁명의 인공지능 헤어스타일 서비스 시스템 구축으로 각 지역에서 특별한 경쟁력이 확보됩니다.

헤어스타일 디자인 & 상담기법

Hair Style Design & Consultation Method

Innovation by Design

예술과 과학을 통한 아름다움 창조

헤어스타일 디자인과 상담 기법은 아름다운 헤어스타일을 연출하기 위한 가장 중요하고 핵심적인 과정입니다.

6:4 상담 기법은 60%는 고객의 생각을 충분히 들어 주고, 40%는 헤어디자이너가 전문가로서 고객을 분석하고 소통해서 가장 잘 어울리는 헤어스타일 디자인을 제안하고 연출했을 때에 고객 만족도가 높아지고 성공 확률도 높아집니다.

헤어스타일 상담을 잘 하고 헤어스타일 디자인 제안을 잘 하는 헤어디자이너는 프로페셔널 헤어디자이너입니다.

1권 본 내용의 헤어스타일 디자인 & 상담 기법의 내용에서는 고객의 얼굴형, 체형, 고객 특성에 따라서 가장 이상적인 헤어스타일을 제안하고 디자인하는 내용을 수록하였으며, 6권의 서적과 연계하여 활용하면 특별한 헤어스타일 디자인을 할 수 있습니다.

•2권: 임경근 헤어스타일 디자인-우먼 헤어스타일 숏 헤어 270세트(1세트: 정면, 측면, 후면)
•3권: 임경근 헤어스타일 디자인-우먼 헤어스타일 미디움 헤어 297세트
•4권: 임경근 헤어스타일 디자인-우먼 헤어스타일 롱 헤어 233세트
•5권: 임경근 헤어스타일 디자인-맨 헤어 114세트의,
  합계 914세트의 헤어스타일
•6권: 임경근 헤어스타일 디자인-기술 메뉴얼과 연동되어 있어서 활용하면 최고의 헤어스타일 상담과 디자인을 할 수 있기 때문에 헤어숍과 헤어디자이너는 특별한 기술력이 완성되고 고객에게 감동을 주는 헤어스타일 연출을 하게 될 것입니다.

특히 약 10년간 연구 개발을 하고 있는 인공지능 헤어스타일 피팅 시스템, 교육 시스템, 정보 공유 등의 헤어숍 서비스 시스템이 개발이 완료되어 모바일 앱, 촬영 시스템의 헤어숍 시스템 서비스가 시작되면, 출간한 6권의 서적과 연계되어 고객에게는 특별한 감동을 선사하고, 헤어숍은 각 지역에서 차별화되고 혁신적이고 특별한 경쟁력을 확보하게 될 것입니다.

헤어스타일 디자인 & 상담 기법

Hair Style Design & Consultation Method

Success

헤어디자이너가 성공으로 가는길

사람들은 저마다 꿈과 목표를 설정하고 살아갑니다.
직업을 선택하고 노력하지만, 어떤 사람은 일찍 성공하기도 하고 어떤 사람은
평범하게 살거나 실패하기도 합니다.
성공의 길로 가는 확실한 방법은 인정받는 것입니다.

헤어디자이너가 되겠다는 꿈을 안고 직업을 선택하고 성공하고 싶겠지만 결과는
차이가 크고 삶의 질도 달라집니다.

지난 36년 뷰티 분야에서 일하면서 수많은 헤어디자이너들의 삶을 바라보고
분석하면 성공으로 가는 길은 끊임없는 노력으로 인정받는 것이라 생각합니다.
헤어디자이너는 고객에게, 동료에게, 상사에게, 가족에게 인정받는 것이야말로
성공으로 가는 확실한 길입니다.

헤어스타일 디자인 & 상담 기법

Hair Style Design & Consultation Method

Probability

신규 고객 재방문율 30~40% 이상으로 높여 보세요!
놀라운 결과가 나타납니다.

| 성공할 확률 |

헤어디자이너가 고객에게 인정받는 것은 성공으로 가는 길의 가장 확실한 방법입니다. 많은 헤어디자이너를 분석하면, 어떤 헤어디자이너는 고객이 넘쳐나고 어떤 디자이너는 고객이 많지 않아서 늘 기다리고 한가합니다.

개인의 능력은 연구하고 트레이닝하는 열정에 따라서 차이가 크게 납니다.

고객이 만족하고 감동하여 단골 고객이 되는 것을 확률로 분석을 했습니다.

여러 명의 헤어디자이너에게 한 달 동안 신규 고객 50분의 서비스를 맡겼다면 다시 재방문이 되어 단골 고객이 될 수 있는 확률(재방문율)을 분석하면 헤어디자이너의 능력을 판단할 수 있습니다.

우리나라 헤어숍의 전국 평균 재방문율은 약 20% 안팎이라 분석하고 있습니다. 프렌차이즈 점장급의 재방문율도 약 25% 정도로 보고 있습니다. 낮은 재방문율과 낮은 효율성, 낮은 서비스 가격으로는 헤어숍의 운영을 어렵게 합니다.

만약 A라는 헤어숍이 30%대로 재방문율을 높인다면 점차 손님이 모이기 시작하고, 40%대로, 그 이상으로 높인다면 단골손님으로 넘쳐날 것입니다. 자신이 하는 일의 성공 확률을 분석하고 고민하고 해결 방안을 찾아서 부단히 연구하고 노력해야 발전하는 헤어디자이너가 될 수 있습니다.

헤어디자이너가 직업을 선택하고 입문하면 어떤 사람들은 빨리 헤어디자이너가 되어 고객 서비스를 하고 싶어 합니다. 실전 경험을 쌓기 위해 저가 헤어숍에서 근무하기도 하고, 이리저리 옮겨 다니기도 하여 헤어숍 운영을 어렵게 하는 초보 헤어디자이너들이 많지만 그들은 성공하기 어렵습니다.

확실하게 준비되지 않고 섣부른 경험으로 익혀진 습성, 수준 낮은 기술은 발전하기도 어렵고 고치기도 어려워서 프로페셔널 헤어디자이너가 될 수 없습니다.

헤어스타일 디자인 & 상담 기법

Hair Style Design & Consultation Method

Probability
신규 고객 재방문율 30~40% 이상으로 높여 보세요!
놀라운 결과가 나타납니다.

끊임없는 연구와 노력으로 충분한 실력을 쌓아서 한 분의 고객이라도 최선을 다하여 고급스런 헤어스타일 디자인을 완성하여 고객에게 감동을 주는 것이 성공으로 가는 길입니다.

신규 헤어숍을 오픈하고, 처음 헤어디자이너가 되었을 때 고객 한 분 한 분 보이는 결과와 이미지가 좋았을 때 성공으로 가는 길로 향하게 됩니다. 고객이 만족하고 감동하면 구전으로 홍보되어 사람이 모이기 시작합니다.

꿈과 목표가 작다면 성공하기 어렵습니다. 직업은 다양하고 전문화되고 어느 분야나 경쟁은 치열합니다. 성공하는 헤어디자이너가 되려면 서두르지 말고 체계적으로 연구하고 트레이닝하여 최고의 기술을 갖추고 확실하게 준비된 상태에서 고객의 헤어스타일 디자인을 하여야 가능합니다.

저자는 교육을 할 때 좋은 헤어 디자이너가 되려면, 헤어디자이너가 된 이후에도 평생 7:3으로 쉬지 않고 노력해야 한다고 조언합니다. 70%는 기술을 연마하기 위해 트레이닝하고, 30%는 헤어디자이너로서의 전문적 역량을 높이기 위해 서적을 항상 가까이 하고 이론을 공부하라고 조언합니다.

헤어숍을 오픈하거나 헤어디자이너가 되면 확률을 30%, 40% … 그 이상으로 높인다면 빠르고 확실하게 성공하는 헤어디자이너가 됩니다.

헤어디자이너로 근무하면서 확률이 높다면 자신의 헤어숍을 오픈해도 성공하지만, 반대라면 성공하기 어렵습니다.

헤어디자이가 되어 성공의 길로 가려면 사람들이 좋아하고 감동하는 헤어스타일을 디자인하여야 합니다.

헤어스타일 디자인 & 상담 기법

| 얼굴형에 어울리는 헤어스타일 디자인 |
| 얼굴형 분석 |

Hair Style Design & Consultation Method

| 계란형 얼굴 분석과 헤어스타일 디자인 |

계란형의 얼굴형은 가장 예쁘게 느껴지는 얼굴형으로 대체로 다양한 헤어스타일을 소화할 수 있는 얼굴형입니다.
볼과 턱이 부드러우며 살이 많이 찌지 않는 상태의 매력과 우아한이 하모니를 이루는 윤곽을 갖추고 있으며, 성격은 비교적 온화하고 부드러우며 매력적인 존재이길 원하며 논리와 합리적인 것을 좋아합니다.
안말음 헤어스타일, 뻗치는 헤어스타일, 혼합 헤어스타일 등 다양한 헤어스타일이 어울릴 수 있는 매력을 가지는 얼굴형입니다.

같은 스타일만 제안하지 말고 조금씩 라인, 볼륨, 흐름의 변화를 주는 대담한 헤어스타일 디자인을 제안하는 것도 좋습니다.

헤어스타일 디자인 & 상담 기법

Hair Style Design & Consultation Method

| 얼굴형에 어울리는 헤어스타일 디자인 |

| 계란형에 어울리는 헤어스타일 디자인 |

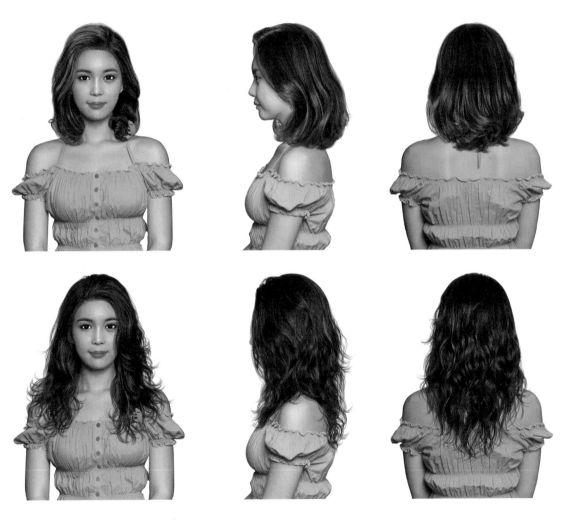

계란형의 얼굴형은 대체로 다양한 헤어스타일을 소화할 수 있으며, 이마를 드러내는 헤어스타일도 잘 어울립니다.

* 임경근 헤어스타일 디자인 4권의 서적에, 914가지의 헤어스타일, 해설, 얼굴형에 어울리는 페이스 타입이 수록되어 있으며, 6권의 기술 메뉴얼에 자세한 내용이 수록되어 있습니다.

헤어스타일 디자인 & 상담 기법

| 얼굴형에 어울리는 헤어스타일 디자인 |

| 얼굴형 분석 |

Hair Style Design & Consultation Method

| 긴 계란형 얼굴 분석과 헤어스타일 디자인 |

얼굴 길이가 길어 보이는 긴 계란형은 부드러우며 공상하기를 좋아하고 섬세하고 게으른 면도 있습니다.
긴 턱을 가진 사람이라면 감정의 기복이 있고, 감각적이고 지적인 면도 있고, 예민하고 신경질적인 이미지가 느껴질 수 있습니다.

긴 얼굴형은 얼굴 길이를 계란형처럼 부드럽고 짧아 보이도록 헤어스타일을 연출하여야 합니다.

부드럽고 풀린 듯한 웨이브컬의 율동감은 예민해 보이고 신경질적인 이미지를 온화하고 부드러운 이미지를 느끼게 하는 효과가 있습니다.
두정부의 풍성한 볼륨을 피하고 앞머리를 내려주거나 사이드로 곡선의 흐름으로 내려주는 것도 효과적입니다.
앞머리가 없는 스트레이트 흐름의 롱헤어라면 긴 얼굴을 더 길어 보이게 하므로 앞머리를 만들어서 부드럽고 청순한 이미지를 연출하는 것이 좋습니다.

원랭스 보브 헤어스타일, 그러데이션 보브 헤어스타일을 할 때는 사이드의 풍성한 볼륨으로 안말음 되는 모발 흐름이 좋으며, 턱선보다 약간 짧은 길이는 얼굴의 길이를 짧게 보이는 효과가 있으며 부드러운 실루엣의 긴 계란형은 미인형이기 때문에 턱선보다 길이를 길게 하거나 형태 라인을 수평, 앞 방향, 뒤 방향, 사선 라인, 곡선의 변화를 주어 디자인하면 우아하고 트렌디한 개성을 연출할 수 있습니다.

헤어스타일 디자인 & 상담 기법   Hair Style Design & Consultation Method

| 얼굴형에 어울리는 헤어스타일 디자인 |
| 긴 계란형 얼굴 분석과 헤어스타일 디자인 |

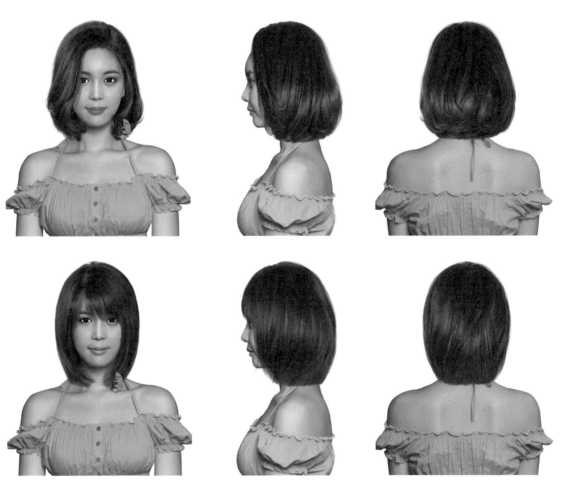

긴 계란형은 앞머리를 내려주거나, 부드러운 긴 계란형은 미인형이어서 부드러운 율동감의 헤어스타일을 연출하면 아름다운 헤어스타일의 분위기가 느껴집니다.

*임경근 헤어스타일 디자인 4권의 서적에, 914가지의 헤어스타일, 해설, 얼굴형에 어울리는 페이스 타입이 수록되어 있으며, 6권의 기술 매뉴얼에 자세한 내용이 수록되어 있습니다.

헤어스타일 디자인 & 상담 기법

| 얼굴형에 어울리는 헤어스타일 디자인 |
| 얼굴형 분석 |

Hair Style Design & Consultation Method

| 역삼각형 얼굴 분석과 헤어스타일 디자인 |

넓은 이미와 뾰족한 턱선을 가진 얼굴형입니다.
판단력, 통찰력의 이미지와 유연한 지성을 갖고 있습니다. 편협하지 않고 판단력, 분석력으로 합리적이고 앞서가는 삶을 살 수 있습니다. 턱선이 브이 라인이어서 갸름한 미인형이지만, 차갑고 냉정한 느낌으로 따뜻함이 부족하고 쓸쓸하고 빈약한 인상으로 보이는 경향이 있기 때문에 헤어스타일 디자인이 포인트는, 넓은 이마를 계란형처럼 부드럽게 축소되어 보이도록 하고 뾰족한 턱선을 부드러운 브이 라인으로 보이도록 디자인하는 것이 중요합니다.

이마 전체를 드러내는 것을 피하고 앞머리를 내려주거나 사이드로 곡선의 흐름으로 율동감을 주고 양 사이드 모발은 볼이 드러날 수 있도록 귀 뒤로 넘겨 볼륨을 주면 부드러운 턱선이 느껴집니다.

이마가 지나치게 넓지 않고 둥근 타입이라면 갸름하고 작은 얼굴형으로 느껴지는 미인형이기 때문에 다양한 헤어스타일이 잘 어울릴 수 있는 얼굴형으로 다양한 헤어스타일을 제안하고 디자인하여 개성 있는 헤어스타일을 연출합니다.

이미가 넓은 깔끔한 얼굴형은 현대적 미인 타입이며 앞머리를 넘겨서 이마를 드러내면 총명하고 지적인 이미지를 주지만, 개인의 품성에 따라서 차갑고 친근감을 주지 못함으로 부드러운 웨이브 컬, 부드러운 곡선의 생머리 흐름, 실루엣을 연출하는 것이 좋습니다.

두정부에 풍성한 볼륨이나 극단적인 짧은 스타일은 피하고 헤어스타일 언더 부분의 흐름을 턱선보다 길게 하거나 어깨선에 닿는 뻗치는 흐름을 연출하면 부드러운 턱선이 느껴지는 헤어스타일 디자인입니다.

헤어스타일 디자인 & 상담 기법   Hair Style Design & Consultation Method

| 얼굴형에 어울리는 헤어스타일 디자인 |
| 역삼각형 얼굴 분석과 헤어스타일 디자인 |

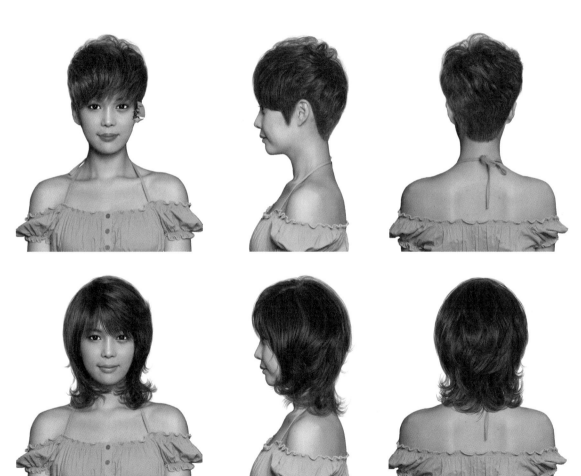

역삼각형의 얼굴형은 이마가 넓다면 앞머리를 내려주거나, 계란형에 가까운 이마의 역삼각형이라면 미인형 얼굴이어서 다양한 헤어스타일이 잘 어울립니다.

*임경근 헤어스타일 디자인 4권의 서적에, 914가지의 헤어스타일, 해설, 얼굴형에 어울리는 페이스 타입이 수록되어 있으며, 6권의 기술 메뉴얼에 자세한 내용이 수록되어 있습니다.

헤어스타일 디자인 & 상담 기법

| 얼굴형에 어울리는 헤어스타일 디자인 |

| 얼굴형 분석 |

Hair Style Design & Consultation Method

| 삼각형 얼굴 분석과 헤어스타일 디자인 |

계란형에 가까운 삼각형 경향이 있는 얼굴형은 부드럽고 지적인 이미지를 느끼게 합니다. 주제에 접근하는 것에 대한 인식이 높으며 새로운 지식으로 채우기를 좋아합니다. 이러한 면이 여러 조언들을 주의 깊게 듣고 소통하고 상상력과 창조 정신이 풍부한 감성을 지닌 지적인 얼굴형입니다.

좁고 가는 이마와 넓은 턱과 각진 뺨 라인의 윤곽을 지닌 삼각형 얼굴형은 이마를 부드러운 곡선으로 보이도록 연출하고, 넓고 각진 턱선을 부드러운 브이 라인으로 보이도록 헤어스타일을 디자인하는 것이 포인트입니다.

이마의 사이드를 볼륨을 주어 넘겨서 좁은 이마가 확장되어 보이도록 착시 현상을 주거나, 앞머리를 조금 두껍고 길게 하여 끝부분이 가늘어지고 가벼운 흐름으로 내려주거나 부드럽고 가벼운 곡선의 흐름이 양 사이드로 흐르는 모발 흐름을 연출하면 계란형처럼 부드러운 이미지가 연출됩니다.
8:2 가르마로 섹션을 나누고 20% 앞머리는 사이드로 볼륨을 만들면서 빗질하여 귀로 넘겨 주고, 80% 앞머리는 곡선의 흐름으로 사이드로 브러싱하여 연출하면 온화하고 부드러운 앞머리 스타일이 연출됩니다.

헤어스타일의 언더 섹션의 디자인은,
만약 원랭스 보브 헤어스타일이나 그러데이션 보브 헤어스타일은 턱선보다 짧은 길이는 넓고 각진 턱선을 더 강조하는 효과가 있어서 피하는 것이 좋고, 턱선보다 길이를 길게 하여 양쪽 귀 부분에서 볼륨을 형성하고 턱선 방향으로 안말음 되는 부드러운 모발 흐름은 넓고 각진 턱선을 둥근 느낌의 부드러운 턱선으로 보이도록 합니다.
반대로 언더 섹션의 모발 흐름이 뻗치는 모발 흐름은 턱선을 강조하게 되므로 디자인하지 않는 것이 좋습니다. 톱섹션에서 풍성한 볼륨과 미들 섹션에서 내려오면서 부드러운 곡선의 실루엣으로 언더 섹션에서 어깨선에 닿는 길이로 율동하는 웨이브컬을 연출한다면 넓고 각진 턱선을 부들럽게 해서 아름다운 헤어스타일이 연출됩니다.

헤어스타일 디자인 & 상담 기법

Hair Style Design & Consultation Method

| 얼굴형에 어울리는 헤어스타일 디자인 |

| 삼각형 얼굴형 분석과 헤어스타일 디자인 |

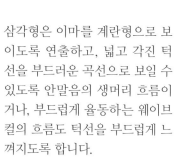

삼각형은 이마를 계란형으로 보이도록 연출하고, 넓고 각진 턱선을 부드러운 곡선으로 보일 수 있도록 안말음의 생머리 흐름이거나, 부드럽게 율동하는 웨이브 컬의 흐름도 턱선을 부드럽게 느껴지도록 합니다.

＊임경근 헤어스타일 디자인 4권의 서적에, 914가지의 헤어스타일, 해설, 얼굴형에 어울리는 페이스 타입이 수록되어 있으며, 6권의 기술 매뉴얼에 자세한 내용이 수록되어 있습니다.

헤어스타일 디자인 & 상담 기법

Hair Style Design & Consultation Method

| 얼굴형에 어울리는 헤어스타일 디자인 |
| 얼굴형 분석 |

| 육각형 얼굴 분석과 헤어스타일 디자인 |

좁은 이마와 광대뼈는 넓으며 턱의 선이 뾰족한 얼굴형입니다.
광대뼈가 나오면 변화무쌍한 기질이 느껴지고 남성적인 인상을 주기도 합니다.
사람들에게 좋은 인상을 주기 위해서는 온화하고 부드러운 인상을 느끼게 하
는 헤어스타일 디자인을 하여야 합니다.
조금 긴 육각형의 얼굴형은 은밀하고 여성스러운 매력을 주며 감각적인 즐거움
을 추구하는 개인주의적 성향이 있어서 얼굴형의 단점을 커버해 주고 장점을
강조해 주는 헤어스타일 디자인을 한다면 매력 있고 아름답고 개성 있는 아름
다움이 연출됩니다.

헤어스타일 디자인은 좁은 이마는 넓고 부드러운 곡선으로 보이도록 연출하고
광대뼈 부분은 부드러운 곡선의 모발 흐름을 연출하여 커버하고 가는 턱선은
둥근 곡선으로 부드럽고 상큼한 자연스러운 턱선 라인을 강조하는 디자인을
하여야 합니다
헤어스타일의 실루엣은 톱사이드 부분은 풍성한 볼륨의 모발 흐름을 디자인하
고 미들 섹션은 부드러운 곡선의 볼륨과 흐름으로 곡선의 실루엣을 만들고 언
더 섹션의 모발 흐름은 턱선보다 짧은 길이라면 안말음 흐름은 괜찮지만 턱선
보다 긴길이로 안말음 되는 흐름은 뾰족한 턱선을 강조하는 시각적 효과를 주
므로 디자인하지 않는 것이 좋습니다.
너무 좁지 않는 계란형에 가까운 이마라면 앞머리는 볼륨을 만들면서 뒤로 넘
겨주면 이마를 넓게 보이는 효과를 두고 총명한 매력을 주기도 합니다.
앞머리를 조금 길게 하여 부드럽고 가벼운 흐름으로 내려주거나 6:4 가르마를
타고 양 사이드로 곡선의 흐름을 연출하면 부드러운 인상을 줍니다.
양 사이드에서 층을 주고 가늘어지고 가벼운 질감으로 포워드 흐름을 연출합
니다.

헤어스타일 디자인 & 상담 기법

Hair Style Design & Consultation Method

| 얼굴형에 어울리는 헤어스타일 디자인 |

| 얼굴형 분석 |

| 육각형 얼굴 분석과 헤어스타일 디자인 |

부드러운 웨이브 컬로 광대뼈를 살짝 가리는 스타일을 연출한다면 계란형에 가까운 부드러운 얼굴 라인이 연출되어서 온화하고 상큼한 아름다운 이미지를 연출할 수 있습니다.
양 사이드를 귀 뒤로 빗어 넘겨서 연출하는 헤어스타일은 광대뼈 부분을 강조하는 느낌을 주므로 디자인에 반영하지 않는 것이 좋습니다.

헤어스타일의 언더 부분이 턱선보다 길거나 어깨선을 타고 흐르는 뻗치는 생머리 흐름이거나 풀린 듯 춤을 추는 것처럼 율동하는 부드러운 웨이브 컬의 흐름은 뾰족한 턱선을 부드럽게 하고 차갑고 냉정한 이미지를 온화하고 부드러운 인상으로 변화시킵니다.
헤어스타일의 형태와 모발의 흐름을 얼굴형에 어울리게 다양한 디자인 조건을 반영하여 디자인하면 부드럽고 아름다운 이미지가 표현됩니다.

헤어스타일 디자인 & 상담 기법 　　　 Hair Style Design & Consultation Method

| 얼굴형에 어울리는 헤어스타일 디자인 |
| 육각형 얼굴 분석과 헤어스타일 디자인 |

육각형의 얼굴형은 광대뼈 부분을 부드럽게 해주는 모발 흐름을 연출하고, 이마를 넓게 보이는 효과를 주거나 내려주면 미인형의 부드러운 인상의 아름다운 헤어스타일이 연출됩니다.

*임경근 헤어스타일 디자인 4권의 서적에, 914가지의 헤어스타일, 해설, 얼굴형에 어울리는 페이스 타입이 수록되어 있으며, 6권의 기술 메뉴얼에 자세한 내용이 수록되어 있습니다.

헤어스타일 디자인 & 상담 기법

Hair Style Design & Consultation Method

| 얼굴형에 어울리는 헤어스타일 디자인 |
| 얼굴형 분석 |

| 사각형 얼굴 분석과 헤어스타일 디자인 |

넓고 각진 이마와 턱선을 가진 얼굴형입니다. 성실하고 운동가적 타입으로 활동적 에너지가 좋고 고집도 세고 실용성, 질서, 체계를 좋아합니다. 조직적이고 좋은 기획력은 넓은 이마를 가진 사람들에서 나타납니다.

헤어스타일 디자인을 하다 보면 가장 디자인하기 까다롭고 고민을 해야 하는 얼굴형입니다. 계란형의 얼굴형은 다양한 헤어스타일을 디자인하고 제안해도 잘 소화하고 잘 어울리는 얼굴형이지만, 사각형의 큰 얼굴형이면 어울리지 않는 헤어스타일이 많아서 디자인하기 까다롭지만, 각지고 큰 얼굴을 부드럽고 갸름한 얼굴로 보이도록 하는 연출이 디자인의 마력입니다.

사각형 얼굴형은 얼굴도 큰 편이고 목도 굵고 짧은 사람들이 많습니다.
얼굴을 작아 보이게 하고 목도 길어 보이게 디자인하여야 합니다.

헤어스타일의 볼륨을 풍성하게 하거나 탄력 있는 웨이브 컬이거나 여성의 경우 지나치게 짧은 헤어스타일은 얼굴을 크게 보이게 하고 부드러운 인상을 주지 못함으로 고려하여 디자인하여야 합니다.

사각형의 얼굴형은 건강한 머릿결의 롱 헤어 생머리도, 거의 풀린 듯 루즈한 웨이브 컬이 살아있는 듯 율동하는 모발 흐름의 롱 헤어스타일도 어울리지만, 이상적으로 잘 어울리는 헤어스타일은 원랭스 보브 헤어스타일, 그러데이션 보브 헤어스타일이 잘 어울리지만 앞 방향 사선 라인, 앞 방향 둥근 라인의 원랭스, 그러데이션 보브 헤어스타일은 목의 길이를 짧게 보일 수 있는 시각적 효과가 있어서 조건을 고려하여 길이, 라인의 기울기를 조절하고, 특히 보브 헤어스타일이라 할지라도 모발 숱이 많아서 풍성한 볼륨이 만들어지는 헤어스타일은 두상을 크게 보이게 하므로 원컬 스트레이트 파마를 하거나 틴닝으로 모발 길이 뿌리, 중간, 끝부분에서 모발량을 조절하고 슬라이딩 커트로 가볍고 가늘어지게 커트해서 부드럽고 율동감 있는 커트를 하여 부드럽고 갸름한 인상이 될 수 있도록 디자인하여야 합니다.

헤어스타일 디자인 & 상담 기법

Hair Style Design & Consultation Method

| 얼굴형에 어울리는 헤어스타일 디자인 |

| 얼굴형 분석 |

| 사각형 얼굴 분석과 헤어스타일 디자인 |

사각형 얼굴형을 갸름하게 보이는 헤어스타일 디자인을 하려면 뻗치지 않고 딱딱하지 않으면서 부드럽게 안말음 되는 모발 흐름을 연출 해서 얼굴 윤곽을 계란형처럼 보이게 디자인하여야 합니다.

앞머리는 조금 긴 길이로 가볍고 부드러운 흐름으로 내려주거나, 가운데 가르마, 6:4 가르마를 나누고 양 사이드로 곡선의 흐름 을 연출하면 부드러운 이마가 연출됩니다.
가르마가 한쪽 사이드로 치우치면 각진 이마를 더 강조하게 됩니다.

헤어스타일의 언더 부분은 턱선보다 짧게 되면 각지고 큰 턱선이 강조되므로 디자인하지 않는 것이 좋으며, 턱선보다 5cm(어깨선이 닿지 않도록) 정도 길게 하여 안말음 되는 보브 헤어스타일은 부드럽고 갸름한 턱선으로 보이게 합니다.

롱 헤어 스타일도 사이드에서 층을 만들어 가볍게 하고 가늘어지는 포워드 흐름을 볼, 턱선, 목선에 배치한다면 굿 디자인의 헤어스타일이 됩니다.

어깨선보다 길거나 닿는 정도 길이의 헤어스타일은 얼굴, 목 부분에서 층을 만들고 포워드의 안말음 되는 흐름을 연출하고 언더 부분은 어깨선에 닿아서 자연스럽게 타고 흘러내리는 생머리의 흐름이거나 풀린 듯 율동하는 웨이브 컬을 구성한다면 부드럽고 온화하고 상큼한 인상을 주는 헤어스타일 디자인이 됩니다.

목이 굵고 큰 얼굴형의 보브 헤어스타일은 심플하면서 부드러운 흐름을 연출하는 헤어스타일 디자인을 하여야 하며, 수평 라인, 둥근 라인이 이상적으로 잘 어울리지만, 급격하게 길어지는 앞 방향 사선 라인은 목을 짧아 보이게 하므로 주의하여야 하고, 기울기의 각도를 완만하게 조절하여 디자인하여야 합니다.

헤어스타일 디자인 & 상담 기법　　　I Hair Style Design & Consultation Method

| 얼굴형에 어울리는 헤어스타일 디자인 |

| 사각형 얼굴 분석과 헤어스타일 디자인 |

사각형 얼굴형은 부드럽게 안말음 되는 흐름이 얼굴을 갸름하게 보이게 합니다.

둥근 라인, 수평 라인이 잘 어울리며 목을 길어 보이게 합니다.

* 임경근 헤어스타일 디자인 4권의 서적에, 914가지의 헤어스타일, 해설, 얼굴형에 어울리는 페이스 타입이 수록되어 있으며, 6권의 기술 메뉴얼에 자세한 내용이 수록되어 있습니다.

헤어스타일 디자인 & 상담 기법

| 얼굴형에 어울리는 헤어스타일 디자인 |
| 얼굴형 분석 |

Hair Style Design & Consultation Method

| 둥근 얼굴형 분석과 헤어스타일 디자인 |

둥근 얼굴형은 성격이 원만하고 사교적인 사람들이 많습니다.
쾌활하고 낙천적이며 기분에 즉각적인 반응을 나타내기도 하고 활동적입니다. 둥근 얼굴형은 실제 나이보다 어려 보이는 경향이 있으며 헤어스타일 디자인의 포인트는 계란형의 얼굴처럼 길어 보이고 갸름하게 보이도록 디자인을 하여야 합니다.

둥근 얼굴형이면서 살이 찌지 않은 얼굴형은 큰 얼굴형이 아니기 때문에 헤어스타일 디자인하기 쉽지만, 얼굴이 큰 편이고 목이 굵고 짧은 둥근 얼굴형이라면 사각형 얼굴처럼 어울리지 않는 스타일이 많기 때문에 조건을 분석하여 디자인하여야 합니다.

살이 찌고 목이 짧은 둥근 얼굴형이라면 풍성한 볼륨의 헤어스타일, 탄력 있는 웨이브 컬의 퍼머 스타일은 두상을 크게 보이게 하고 부드럽고 갸름하게 보이지 않습니다. 지나치게 길지 않는 롱 헤어스타일이라면 앞머리를 높은 볼륨으로 넘겨 빗고 사이드 모발은 반 묶음 하는 헤어스타일은 전체 얼굴형을 길어 보이게 하고 지적이고 부드럽고 여성스러움을 강조해 주는 효과가 있습니다.

앞머리를 약간 길게 하여 앞으로 내려주거나, 양 사이드로 흐르는 연출을 하고 두정부에서 풍성한 볼륨을 만들고 사이드를 반 묶음 하는 헤어스타일은 좋은 디자인입니다. 보브 헤어스타일을 디자인한다면 두정부의 풍성한 볼륨을 만들고 양 사이드는 지나친 볼륨 구성은 피하고 부드럽게 안말음 되는 흐름은 턱선을 갸름하게 보이는 시각적 효과를 줍니다. 언더 부분의 길이는 어깨선에 닿지 않는 길이가 좋으며, 턱선보다 길거나 약간 짧은 스타일도 괜찮습니다.

얼굴이 크고 목이 굵고 짧다면 길이가 급격히 길어지는 앞 방향 사선, 앞 방향 곡선 라인의 디자인은 하지 않는 것이 좋습니다.

헤어스타일 디자인 & 상담 기법

| 얼굴형에 어울리는 헤어스타일 디자인 |
| 얼굴형 분석 |

| 둥근 얼굴형 분석과 헤어스타일 디자인 |

그러데이션 헤어스타일은 둥근 얼굴형에 잘 어울리고 활동적인 이미지를 주고 귀여운 느낌을 줍니다.
기본 그러데이션 형태의 커트를 한다면 두정부에서 풍성한 볼륨을 만들기 위해 틴닝으로 모발 길이 중간, 끝부분에서 모발량을 조절해주고 슬라이딩 커트로 끝부분이 가늘어지고 가볍도록 하여 풍성한 볼륨의 율동감을 연출하면 둥근 얼굴이 길어 보이는 효과와 지적이고 여성스러운 느낌을 연출합니다.

사이드의 흐름은 얇고 가볍고 가늘어지는 모발 흐름을 배치하여 양 사이드는 볼륨이 만들어지지 않고 중력 작용으로 볼, 귀 부분에서 밀착되어 흘러내리는 모발 흐름을 연출합니다.

미디움 그러데이션 헤어스타일도 두정부와 후두부에서 풍성한 볼륨을 만들고 사이드는 가볍고 가늘어지면서 자연스러운 흐름을 연출하면 지적인 아름다움의 페미닌 감성의 헤어스타일 연출이 됩니다.

헤어스타일 디자인 & 상담 기법

Hair Style Design & Consultation Method

| 얼굴형에 어울리는 헤어스타일 디자인 |
| 둥근 얼굴형 분석과 헤어스타일 디자인 |

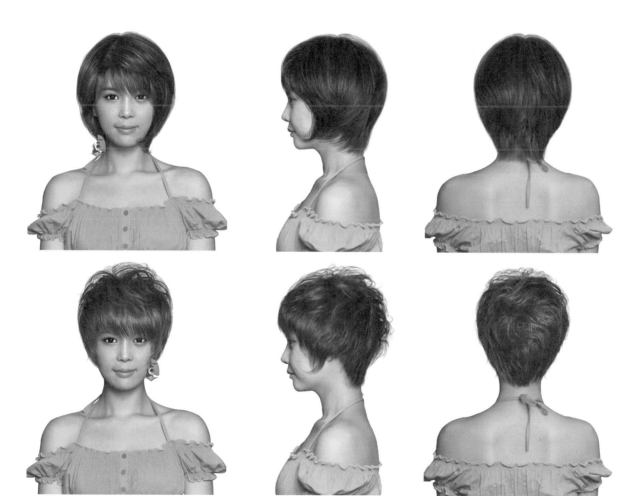

둥근 얼굴형은 두정부에 풍성한 볼륨을 구성하면 얼굴이 길어 보입니다.
양 사이드는 가벼운 흐름을 연출하고 목선을 얇고 가벼운 흐름을 연출하면 얼굴이 갸름하고 길어 보이는 효과를 연출하게 됩니다.

*임경근 헤어스타일 디자인 4권의 서적에, 914가지의 헤어스타일, 해설, 얼굴형에 어울리는 페이스 타입이 수록되어 있으며, 6권의 기술 메뉴얼에 자세한 내용이 수록되어 있습니다.

045

헤어스디일 디자인 & 상담 기법

| 얼굴형에 어울리는 헤어스타일 디자인 |

| 얼굴형 분석 |

| 직사각형 얼굴형의 헤어스타일 디자인 |

고구마형의 전통적인 미인 얼굴로 공허한 분위기의 뺨을 가진 긴 얼굴형으로 엄격하고 공정성을 가지고 있으며, 신체적인 활동성이 약한 부분도 있습니다.
한국인의 얼굴형을 분석하면 북방형 얼굴형으로 눈썹이 흐리고 쌍꺼풀이 없는 선비형으로 권능과 지적 우월감을 좋아하고 논리적으로 대화하는 것을 좋아합니다.

헤어스타일의 디자인은 긴 얼굴의 길이를 축소되어 보이도록 하여 부드러운 곡선의 갸름한 계란형 얼굴로 보이도록 디자인하여야 합니다.

롱 헤어스타일이라면 앞머리를 약간 길게 하여 수직으로 내리거나, 가운데 가르마는 얼굴을 길게 하는 효과가 있으므로 참고 하여야 하며, 8:2 가르마를 타고 앞머리를 길게 하여 양 사이드로 곡선의 흐름을 연출하면 좋은 디자인입니다.

사이드에서 층을 만들고 끝부분을 가볍게 하여 양쪽 귀 부분에서 볼륨을 만들고 곡선의 흐름으로 턱선을 감싸듯 흐르는 방향성은 턱선을 부드럽게 하여 지적이고 세련된 페미닌 감성의 아름다운 헤어스타일이 연출됩니다.
롱 헤어스타일의 수직으로 떨어지는 스트레이트 흐름은 긴 얼굴을 강조하는 효과가 있으므로 참고하여 디자인하여야 하며, 루스하게 풀린 듯한 흐느적거리는 웨이브 컬의 구성은 부드럽고 지적인 아름다운 여성미를 느끼게 합니다.

헤어스타일 디자인 & 상담 기법

Hair Style Design & Consultation Method

| 얼굴형에 어울리는 헤어스타일 디자인 |

| 얼굴형 분석 |

| 직사각형 얼굴형의 헤어스타일 디자인 |

어깨선에 닿거나 긴 길이의 롱 헤어스타일은 언더 섹션에서 인크리스 레이어드 커트를 하여 목선, 턱선을 감싸는 듯 방향성이 연출되고, 어깨에 닿아서 자연스럽게 뻗치고 쇄골선을 따라 율동하는 흐름을 연출하고, 미들 섹션은 그러데이션 커트를 넣어서 풍성한 볼륨을 만들고 톱 섹션에서 레이어드 커트를 해서 부드러운 곡선의 실루엣을 연출합니다.

앞머리를 약간 길게 하여 내려주고 양 사이드를 층지게 커트하여 가벼운 모발 흐름을 연출하고, 귀 부분에서 볼륨을 형성하며 턱선으로 안말음 되는 헤어스타일이라면 좋은 헤어스타일 디자인이며, 지적이고 부드러운 아름다운 헤어스타일 디자인이 연출됩니다.

직사각형의 긴 얼굴의 미인형은 원랭스 보브, 그러데이션 보브 헤어스타일을 잘 소화하고 잘 어울리는 이상적인 헤어스타일이며, 특히 목이 길고 가늘다면 얼굴 쪽으로 급격히 길어지는 앞 방향 사선 라인도 잘 어울려서 특별한 개성과 트렌디함을 느끼는 헤어스타일 디자인이 됩니다.

헤어스타인 디자인 & 상담 기법

Hair Style Design & Consultation Method

| 얼굴형에 어울리는 헤어스타일 디자인 |

| 직사각형 얼굴형의 헤어스타일 디자인 |

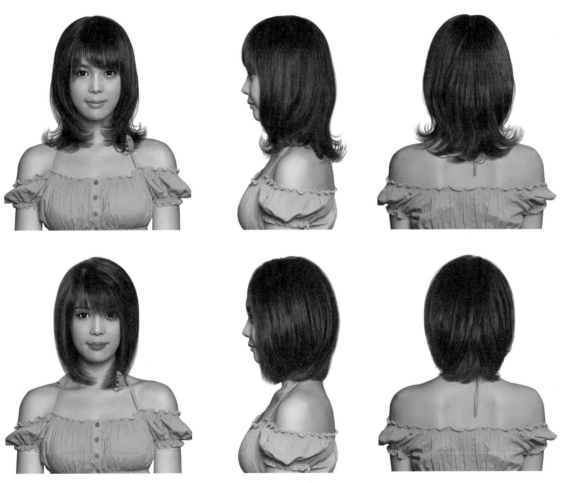

직사각형은 고구마형으로 전통적 미인형으로 계란형에 가까운 부드러운 실루엣을 연출하기 위해서 부드러운 볼륨의 곡선 흐름으로 안말음 흐름을 연출하면 아름다운 헤어스타일이 연출됩니다.

*임경근 헤어스타일 디자인 4권의 서적에, 914가지의 헤어스타일, 해설, 얼굴형에 어울리는 페이스 타입이 수록되어 있으며, 6권의 기술 메뉴얼에 자세한 내용이 수록되어 있습니다.

헤어스타일 디자인 & 상담 기법

Hair Style Design & Consultation Method

|얼굴형에 어울리는 헤어스타일 디자인 |

|체형 분석 |

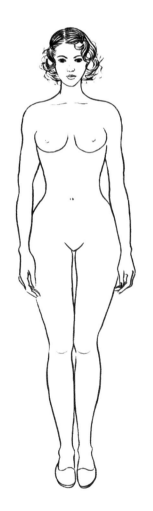

|군살이 없는 균형 잡힌 체형 |

가장 이상적인 체형으로 헤어스타일을 디자인할 때 다양한 헤어스타일을 소화할 수 있으며 자유롭게 변신할 수 있습니다.

|마른 체형 |

마른 체형의 긴 목은 부드러운 웨이브 컬의 모발 흐름을 연출하여 목선을 부드럽게 연출하여 가는 목선이 강조되어 보이지 않도록 합니다.
키가 크고 마른 타입의 체형은 짧은 헤어스타일을 하게 되면 외소해 보일 수 있으며, 롱 헤어의 굵고 자연스런 웨이브 컬은 감미로운 여성스러움을 느끼게 하는 헤어스타일 디자인이 됩니다.
마르고 키가 작은 사람은 헤어스타일이 커지거나 지나치게 긴 롱 헤어스타일은 어울리지 않을 수 있지만 대체로 어떤 스타일이라도 잘 어울립니다.

|통통한 체형 |

두정부에 풍성한 볼륨을 주고 사이드 모발을 반 묶음 하고 길게 늘어뜨리면 수직선의 시각적 느낌으로 목이 길어 보이는 착시 현상이 나타납니다.
보브 헤어스타일이라면 수평 라인 둥근 라인은 잘 어울리지만 콘케이브 라인은 목을 더 짧고 굵게 보이게 하므로 참고하여야 합니다.

목덜미에서 스타일의 볼륨을 크게 하거나 무게감을 주면 짧고 굵은 목을 강조하므로 피하는 것이 좋습니다.

살이 찌고 키가 큰 사람은 산뜻한 느낌의 심플한 헤어스타일 디자인이 좋으며, 살이 찌고 키가 작은 체형이라면 지나치게 헤어스타일 길이가 길거나 풍성한 볼륨의 헤어스타일은 어울리지 않으며, 볼륨이 있으면서 숏 헤어스타일은 얼굴을 더 커 보이게 할 수 있습니다.

헤어스타일 디자인 & 상담 기법

Hair Style Design & Consultation Method

| 얼굴형에 어울리는 헤어스타일 디자인 |

| 고객 상담 가이드 |

고객은 아름답고 손질하기 편한 헤어스타일을 하고 싶어 합니다.
고객이 원하고, 어울리는 헤어스타일을 디자인하기 위해서는 고객의
특성을 면밀히 파악하고 분석하여야 합니다.
고객이 선호하는 헤어스타일, 얼굴형, 체형, 모발이 나 있는 흐름, 모
발량, 두상의 형태, 모발 색상 등을 파악하고 분석하여 헤어스타일
디자인을 제안하여야 성공적인 헤어스타일 디자인을 할 수 있습니다.

헤어스타일 디자인 & 상담 기법

| 얼굴형에 어울리는 헤어스타일 디자인 |

| 고객 상담 가이드 |

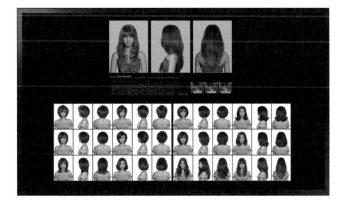

Hair Style Design & Consultation Method

| 까다로운 고객 |

까다로운 고객은 신중하게 상담하여야 합니다.

이미 자신이 선호하고 하고 싶은 스타일을 상상하고 헤어숍을 방문한 사람들입니다. 하지만 어떤 스타일을 하고 싶은지 금방 파악하기 어렵고 고객과 헤어디자이너가 서로의 생각이 다를 수 있으므로 인내심을 가지고 상담해야 합니다.

헤어스타일 카탈로그를 보여 주고 상담을 하거나, 헤어스타일 피팅 시스템이 자신의 헤어스타일처럼 자연스럽게 매칭되는 프로그램이 있다면 다양한 헤어스타일 중에서 원하는 헤어스타일을 매칭하여 디테일한 부분까지 조율한다면 가장 확실한 상담을 할 수 있습니다.

이런 고객의 얼굴 유형은 직사각형, 사각형, 긴 계란형, 역삼각형이 많으며 자신의 생각이 분명하고 엄격하기 때문에 서비스 시간을 엄수하고 신용을 잃지 않도록 노력해야 합니다.

| 아티스트 고객 |

음악, 미술, 문학, 영화, 디자인 등에서 활동하는 예술가 타입으로 부드럽고 고상하기를 원하고 친절하고 매너가 좋은 부드러운 사람들이 많습니다. 자신의 개성과 멋을 잘 알고 있으며 심미성도 잘 알고 있습니다. 부드럽고 매너가 좋지만 스타일을 신댁하고 결정하는 깃은 까다로운 편입니다.

자신이 좋아하는 헤어스타일을 잘 알고 있으므로 자신의 헤어스타일처럼 매칭되는 헤어스타일 피팅 시스템이 있다면 다양한 헤어스타일을 매칭시키며 선택하는 상담 방법이 확실한 상담 방법이지만, 피팅 시스템이 없다면 헤어스타일 카탈로그로 상담하는 방법도 좋습니다.

헤어스타일 디자인 & 상담 기법

Hair Style Design & Consultation Method

| 얼굴형에 어울리는 헤어스타일 디자인 |

| 고객 상담 가이드 |

| 전형적이면서 보수적인 타입 |

전형적이거나 보수적인 고객은 심플하고 단정한 옷차림을 선호합니다. 헤어스타일은 유행에 대해서 모르거나 민감하지 않습니다. 변화를 두려워하고 눈에 띄는 개성 있는 헤어스타일보다는 단정한 스타일을 선호하기 때문에 조금씩 변화를 주는 제안이 효과적입니다. 자신이 지금까지 하고 있는 헤어스타일에 익숙해져 있고 변화를 시도하지 않거나 두려워하지만 내심 변화를 하고 싶은 생각도 있습니다.

자신의 헤어스타일처럼 자연스럽게 매칭되는 헤어스타일 피팅 시스템이 있다면 조금씩 변화를 주는 헤어스타일을 매칭시켜서 상담하는 것이 가장 효과적이고 확실한 상담 방법입니다. 조금의 변화라는 것은 길이, 라인, 볼륨, 모발 흐름을 얼굴형에 어울리고 멋스럽게 변화를 주는 헤어스타일 디자인입니다.

얼굴형은 둥글고 온화한 이미지이고 내성적이며 차분하고 이해심이 많고 꾸밈이 없으며 설령 헤어스타일이 맘에 들지 않더라도 불만을 표현하지 않지만 그 헤어숍은 재방문하지 않습니다. 헤어디자이너는 인내심을 가지고 고객의 생각을 들어주어야 하며 자세한 상담과 제안으로 조금씩 변화를 주는 헤어스타일 디자인을 하고 합리적이고 친절하게 서비스를 한다면 단골이 되기 쉬운 고객입니다.

| 외향적인 타입의 고객 |

활동적이고 쾌활하고 마음이 열려 있어서 상담하기 쉬운 편에 속하는 고객입니다. 변신을 좋아하기 때문에 제안을 잘 받아들이며 상상하는 것을 좋아하고 자신의 생각을 적극적으로 표현하는 타입입니다. 자신의 헤어스타일처럼 자연스럽게 매칭되는 피팅 시스템을 활용하면 적극적으로 다양한 헤어스타일에 관심을 가지고 변신을 시도할 것입니다. 고객의 생각을 충분히 들어 주고 헤어디자이너의 전문적인 디자인 감각으로 논리적이고 체계적으로 제한하면 고객은 적극적으로 수용하고 좋아할 것입니다.

둥근형, 계란형, 계란형에 가까운 육각형이 많으며 외향적이고 호기심이 많은 타입의 고객입니다.

헤어스타일 디자인 & 상담 기법

| 얼굴형에 어울리는 헤어스타일 디자인 |

| 고객 상담 가이드 |

Hair Style Design & Consultation Method

| 불안해 하고 의심하는 고객 |

신중하고 자신의 껍질 속에 파묻혀 공상에 잘 잠기고, 외부 비판에 민감하고 감정 표현을 억제하는 내향적인 특성의 고객으로 논리적이지 않게 장황하게 설명하는 것을 하지 않아야 합니다.

만약 미르고 긴 얼굴형이라면 인내심을 가지고 고객의 생각을 충분히 들어 주고 스타일을 제안하고 어드바이스를 하여야 신뢰를 얻고 효과적인 상담을 할 수 있습니다.

정확하고 자연스럽고 사실적으로 매칭되는 헤어스타일 피팅 시스템으로 구체적이고 확실하게 어필하여 헤어스타일을 상담한다면 신뢰하고 안심할 것입니다.
역삼각형, 삼각형, 긴 계란형의 얼굴형이 많으며 지적인 스타일이며 결단력이 있고 자신에게 어울리고 원하는 스타일을 할 수 있을까 걱정하고 의심하기도합니다.
이런 유형의 고객은 의외로 전문가에게 자신의 스타일을 맡기려는 경향도 있습니다.

헤어스타일 디자인 & 상담 기법

| 얼굴형에 어울리는 헤어스타일 디자인 |

| 얼굴형에 어울리는 헤어스타일 |

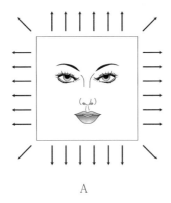

A

B

| 얼굴형에 어울리는 헤어스타일 |

그림 B처럼 둥근 얼굴형은 구심적 시각 효과에 의해서 얼굴 윤곽이 축소되어 보이고, 그림 A처럼 사각형의 각진 얼굴형은 원심적 시각 효과에 의해 얼굴 윤곽이 확장되어 보이는 얼굴형입니다.

확장되어 보이는 시각 효과가 작용하는 얼굴형은 축소되어 보여서 갸름하고 부드러운 얼굴형이 될 수 있도록 헤어스타일 디자인을 하여야 하고, 축소되어 보이는 둥근형은 스타일의 흐름(방향성)에 변화를 주어 얼굴형이 길어 보이고 갸름하게 보이는 헤어스타일 디자인을 하여야 합니다.

모든 헤어스타일을 모발 흐름의 방향성으로 크게 분류하면, 안말음 헤어스타일, 뻗치는 헤어스타일, 혼합 헤어스타일(안말음, 뻗치는 흐름이 혼합된)로 분류할 수 있습니다.

모발 끝이 안쪽으로 향하는 안말음 헤어스타일은 얼굴 윤곽이 축소되어 보이게 하는 시각 작용이 일어나며, 모발 끝이 외부로 향하는 뻗치는 헤어스타일은 확장되어 보이는 시각 작용이 일어나므로 얼굴형에 따라서 응용하여 헤어스타일을 디자인하면 얼굴형에 어울리는 매력 있는 특별한 헤어스타일 디자인 결과를 얻을 수 있습니다.

한국 여성들의 얼굴 유형을 분석하면 장방형이 약 28.5%로 가장 높은 비율을 차지하며 계란형이나 계란형에 가까운 얼굴형은 약 26%. 둥근형이 약 24%, 역삼각형 5%, 사각형이 약 12%, 육각형이 3%, 삼각형이 1%이며 이 중 계란형과 계란형에 가까운 역삼각형 얼굴형이 더 아름답게 느껴지므로 심미적인 얼굴형이 될 수 있도록 헤어스타일 디자인을 해야 합니다.

헤어스타일 디자인 & 상담 기법

Hair Style Design & Consultation Method

| 얼굴형에 어울리는 헤어스타일 디자인 |

| 헤어스타일의 개성화 |

따라쟁이 헤어스타일을 싫다.
내가 선택한 나만의 개성 헤어스타일 디자인

고객이 하고 싶어하고 선호하는 헤어스타일은 다양하지만 어떤 헤어스타일을 할 수 있는지 모르거나 표현의 한계가 있습니다.

전문가인 헤어디자이너는 고객 얼굴형을 분석하고 잘 어울리는 헤어스타일을 설명하고 제안하여야 합니다. 그러기 위해서는 헤어디자이너는 상담 능력과 다양한 헤어스타일의 아이디어와 디자인 감각, 구현할 수 있는 고급 기술을 갖추고 있어야 합니다.

아쉽게도 몇 가지의 단순한 헤어스타일이 유행으로 포장되어 반복되는 서비스가 이루어지고 있습니다.

따라쟁이 헤어스타일이라 표현됩니다.
단순한 따라쟁이 헤어스타일을 제안하고 반복해서 서비스한다면 헤어스타일 디자인과는 거리가 있는 기능적인 서비스라 할 수 있습니다.
소품종 대량생산의 장점은 생산량을 증가시켜 싼 가격으로 제품을 판매하는 것처럼, 헤어스타일을 몇 가지의 비슷하고 단순한 헤어스타일을 반복한다면, 헤어디자이너가 일한 만큼 적정 수준의 서비스 가격을 받을 수가 없어서 헤어숍의 효율이 낮고 헤어디자이너의 삶이 개선되지 않습니다.

헤어스타일 디자인 & 상담 기법

Hair Style Design & Consultation Method

| 얼굴형에 어울리는 헤어스타일 디자인 |

| 헤어스타일의 개성화 |

헤어스타일은 디자인을 해야 합니다.

고객이 좋아하고 선호하는 다양한 헤어스타일 디자인으로 고객을 개성화해야 헤어스타일이 고급화되고 원하는 적정 수준의 가격을 받을 수 있어서 헤어숍도 발전하고 헤어디자이너로서의 직업적 자긍심을 가지게 됩니다.

헤어스타일은 다양하고 고객마다 어울리는 헤어스타일을 상상하며 디자인을 하면 비슷하거나 같은 헤어스타일이 아닌 다양화되고 개성화된 헤어스타일 디자인을 할 수 있으며, 고객에게 인정받고 성공하는 헤어디자이너가 될 것입니다.

헤어스타일 디자인 & 상담 기법

| 얼굴형에 어울리는 헤어스타일 디자인 |

| 헤어스타일의 개성화 |

Hair Style Design & Consultation Method

헤어스타일 상담의 중요성

헤어디자이너의 작업 중에서 가장 중요한 과정이 고객과의 헤어스타일 디자인 상담입니다. 고객과 소통하고 분석해서 논리적으로 제안하고 신뢰를 얻는 것은 가장 중요한 작업 과정입니다.

헤어디자이너마다 개인적 능력의 차이가 있어서 상담을 잘하는 디자이너도 있고 어려워서 못 하는 디자이너도 있을 수 있습니다. 상담 시간이 길고 자세하게 상담하는 디자이너가 짧고 단순하게 하는 헤어디자이너보다 매출이 2.5배가 높다고 합니다. 상담 시간을 1~3분, 4~6분, 7~9, 10분 이상으로 구분해서 분석했습니다.

상담을 디테일하게 하게 되면 고객이 원하는 헤어스타일을 구체적으로 알 수 있게 되고, 서비스 메뉴도 추가되고 완성도가 높아져서 매출이 상승하게 됩니다.

AI 시대에는 헤어스타일 피팅 시스템을 활용한 상담 시스템이 발전하고 있고, 인공지능 시스템이 얼굴형을 자동으로 분석하여 개성화된 헤어스타일을 제안하고 고객 머릿결의 손상 유무, 두피 상태, 탈모, 헤어스타일 관리, 손질법 등 고객에게 특화된 정보를 제공하고 관리하는 첨단 시대가 바로 눈앞에 오고 있습니다.

상담 능력을 키우기 위해서는 부단한 노력이 필요합니다. 다양한 헤어스타일의 아이디어를 연구하고 디자인할 수 있는 감각 훈련을 끊임없이 해야 합니다.
저자는 90년대 초, 중반 처음 헤어숍을 할 때 헤어디자이너 양성 교육을 했었는데, 헤어디자이너로 승급하기 위한 마지막 교육 훈련이 고객 상담 방법이었습니다. 매뉴얼대로 교육을 하고, 아침 출근을 하면 전 직원 차담 시간에, 승급할 직원은 매일 10분씩 리허설을 반복하는 훈련을 했었는데, 놀라운 결과가 있었습니다.
승급해서 헤어디자이너가 되면 신규 고객 재방문율이 최소 30%대이거나 40% 이상이었습니다.
상담을 잘하고 말을 잘해서 어드바이스를 잘하니까 친절한 헤어숍으로 입소문이 나고, 고객은 모이기 시작하고 헤어숍은 발전하게 됩니다.

헤어디자이너의 확률은 높아지고 성공의 길로 가게 됩니다.

헤어스타일 디자인 & 상담 기법

| 얼굴형에 어울리는 헤어스타일 디자인 |

| 헤어스타일의 개성화 |

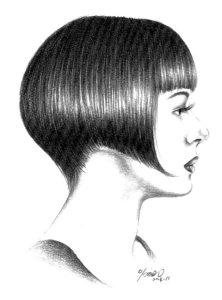

Hair Style Design & Consultation Method

Hair Style Trend and Your Style
헤어스타일 트렌드와 사람들의 헤어스타일

현대인에 있어 시간은 순환입니다. 역사, 자연, 우주, 문화의 진화는 사람들에게 생각, 기호, 가치 등 생활에 영향을 줍니다. 고급스러움, 아름다움, 예쁘다의 본질은 자연, 전통, 역사, 문화 등이 주는 것의 근원이며 헤어스타일, 의상 등 상품에 투영되어 디자인되었을 때 고객에게 감동을 주는 스타일이 됩니다.

아름다운 헤어스타일의 본질은 건강한 머릿결, 얼굴형에 어울리는 다양한 형태, 깨끗함, 청순미, 지적인 아름다움과 손질하기 편한 헤어스타일입니다. 세계 모든 사람이 공통으로 좋아하는 스타일입니다.

유행은 과거와 현재가 순환되는 흐름이 있습니다.
스타일의 선호는 사람들이 유년기부터 영향을 받고 느껴왔던 감각과 현실에서 그들의 삶, 경험, 정보 등을 통해서 받아들여지고 선택을 합니다.

의상의 흐름을 보면 저자가 유년기 시절에 봤던 패턴이 재해석되어 디자인되어서 새로운 세대에게 친숙하게 받아들여지고, 그것을 본 적이 없는 신세대는 새로운 트렌드로 인식되고 즐깁니다.

선진 국가와는 다르게 개발국, 후진국들은 개성보다는 유행에 민감해서 몇 가지의 획일적 헤어스타일이 주류를 이루고 있습니다. 사람들의 헤어스타일이 개성화가 이루어지려면 헤어디자이너가 다양한 헤어스타일의 아이디어, 분석, 제안을 해야 가능합니다.

고객도 다양한 헤어스타일의 패턴을 보고 원하는 헤어스타일을 선택하고, 지금까지의 불만 사항에 대해 요구를 해서 개선되어야 하는데 후진국일수록 고객은 다양한 정보를 가지고 있지 않고, 미디어의 영향을 더 받기 때문에 획일적 헤어스타일이 유행으로 포장되어 반복되는 것입니다.

선진국들은 문명의 진화를 거치면서 발전하여 디자인 상담 능력이 발전하기 때문에 고객과의 소통을 통해서 다양한 개성의 이미지를 만들어 가는 것입니다.

헤어스타일 디자인 & 상담 기법

| 얼굴형에 어울리는 헤어스타일 디자인 |

| 헤어스타일의 개성화 |

Hair Style Design & Consultation Method

Hair Style Trend and Your Style
헤어스타일 트렌드와 사람들의 헤어스타일

1980년대 유럽에서 자연주의가 시작되고, 머리 손질하는 번거로움으로부터 해방되자라는 발상에서 Sleeping Style(잠자다 일어난 듯한 헤어스타일)을 하기 시작했습니다.

당시 헤어스타일 흐름이 차분하게 안말음 되거나, 일정한 같은 흐름을 연출하기 위해서 헤어드라이기, 세팅롤 등으로 손질을 해야 했기 때문에 바쁜 현대인들에게는 번거로움이 많았고, 아침에 머리 손질하는 번거로움으로부터 자유롭게 연출해서 편안해지고 자유로워지는 스타일의 개성화가 시작되었습니다.

아시아에서는 빠르게 발전한 일본은 굵고 숱이 많은 모발을 틴닝으로 모량을 조절하고 가늘어지고 가벼운 흐름으로 커트하고 손질하지 않는 듯 털어서 자유롭게 연출하는 샤기 스타일로 그들에 맞게 발전시켰습니다.

현재 한국인의 라이프 스타일을 분석하면 40%는 개성을 추구하고 60%는 유행을 따라 하거나 헤어스타일리스트의 추천, 주변의 권유에 의해 스타일을 선택하는 경향이 있습니다.

청년들의 헤어스타일이 기성세대보다는 개성화되어 가고 자연을 닮아 가는 헤어스타일, 자유롭게 개성을 표출하는 사람들을 거리에서 볼 수 있습니다.

자신에게 어울리고 자신의 개성을 자유롭게 표현할 수 있는 자신만의 헤어스타일을 해야 다양한 개성이 표출되고 문화가 발전합니다.

한류, K뷰티가 세계 사람들에게 전해지고 열광한다는 기사를 봅니다.
우리의 뷰티 문화가 세계의 사람들과 공유되고 진정으로 소통되려면 모방되거나 획일적 헤어스타일이 아닌 창조적이고 개성화된 뷰티 문화이어야 합니다.
문화는 다양성을 추구하고 소비되었을 때 발전합니다.

저자인 임경근의 헤어스타일 디자인의 토대는 자연과 사람입니다.
자연과 사람을 사랑하고 좋아하면 좋은 디자인을 할 수 있다고 생각합니다.

내 생에 내가 처음으로 선택한 나만의 헤어스타일 디자인!

임경근의 맞춤 헤어스타일 상담 시스템은 끊임없는 연구로 얼굴형을 분석하여 가장 잘 어울리고
개성을 표현하는 다양한 헤어스타일을 창조하고 디자인하여 제안합니다.

임경근 헤어스타일 일러스트레이션
Lim Kyung Keun Hair Style Illustration

임경근은 1990년대 중반부터 헤어스타일 일러
스트레이션을 시작했습니다.
고객과의 상담을 위해서 헤어스타일을 그렸고,
2005년 12월에 『인터렉티브 헤어모드』와 『기
술 메뉴얼』의 책자로 출간되었습니다.

헤어스타일을 그리고 미술을 하고 디자인을 공
부했던 이유는 헤어스타일 연구와 헤어스타일
디자인을 하기 위해서이고. 이를 토대로 고객의
헤어스타일 개성화를 실현하기 위해서 노력하
고 있습니다.

임경근 헤어스타일 일러스트레이션
Lim Kyung Kcun Hair Style Illustration

Woman Short Hair Style 89
고객의 헤어스타일을 상담하기 위해서 1990년대 중반 헤어스타일 일러스트레이션을 시
작했고, 지금으로부터 16~20년 전에 그린 헤어스타일입니다.

Lim Kyung Keun Hair Style Illustration

Woman Short Hair Style 89
헤어스타일을 상담하기 위해서 1990년대 중반 헤어스타일 일러스트레이션을 시작했고,
지금으로부터 16~20년 전에 그린 헤어스타일입니다.

Lim Kyung Keun Hair Style Illustration

Woman Short Hair Style 89
헤어스타일을 상담하기 위해서 1990년대 중반 헤어스타일 일러스트레이션을 시작했고,
지금으로부터 16~20년 전에 그린 헤어스타일입니다.

Lim Kyung Keun Hair Style Illustration

Woman Short Hair Style 89
헤어스타일을 상담하기 위해서 1990년대 중반 헤어스타일 일러스트레이션을 시작했고,
지금으로부터 16~20년 전에 그린 헤어스타일입니다.

Lim Kyung Keun Hair Style Illustration

Woman Short Hair Style 89
헤어스타일을 상담하기 위해서 1990년대 중반 헤어스타일 일러스트레이션을 시작했고,
지금으로부터 16~20년 전에 그린 헤어스타일입니다.

Lim Kyung Keun Hair Style Illustration

Woman Short Hair Style 89
헤어스타일을 상담하기 위해서 1990년대 중반 헤어스타일 일러스트레이션을 시작했고,
지금으로부터 16~20년 전에 그린 헤어스타일입니다.

Lim Kyung Keun Hair Style Illustration

Woman Short Hair Style 89
헤어스타일을 상담하기 위해서 1990년대 중반 헤어스타일 일러스트레이션을 시작했고,
지금으로부터 16~20년 전에 그린 헤어스타일입니다.

임경근 헤어스타일 일러스트레이션
Lim Kyung Keun Hair Style Illustration

Woman Medium Hair Style 100
헤어스타일을 상담하기 위해서 1990년대 중반 헤어스타일 일러스트레이션을 시작했고,
지금으로부터 16~20년 전에 그린 헤어스타일입니다.

Lim Kyung Keun Hair Style Illustration

Woman Medium Hair Style 100
헤어스타일을 상담하기 위해서 1990년대 중반 헤어스타일 일러스트레이션을 시작했고,
지금으로부터 16~20년 전에 그린 헤어스타일입니다.

Lim Kyung Keun Hair Style Illustration

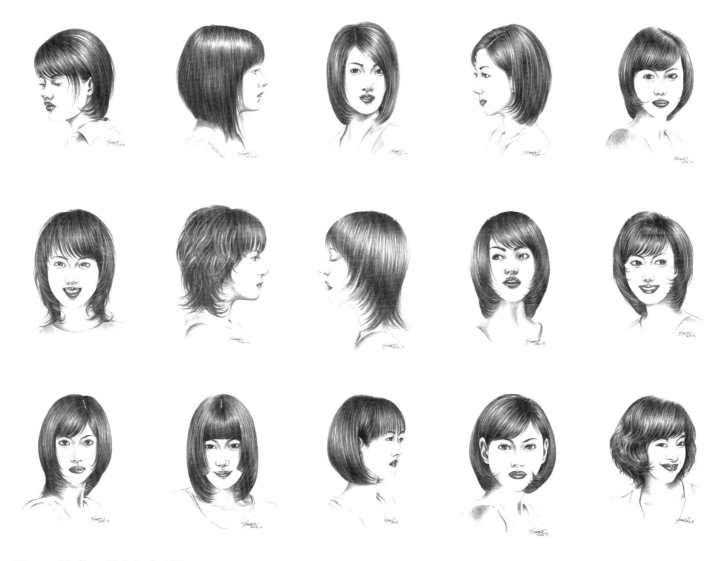

Woman Medium Hair Style 100
헤어스타일을 상담하기 위해서 1990년대 중반 헤어스타일 일러스트레이션을 시작했고,
지금으로부터 16~20년 전에 그린 헤어스타일입니다.

Lim Kyung Keun Hair Style Illustration

Woman Medium Hair Style 100
헤어스타일을 상담하기 위해서 1990년대 중반 헤어스타일 일러스트레이션을 시작했고,
지금으로부터 16~20년 전에 그린 헤어스타일입니다.

Lim Kyung Keun Hair Style Illustration

Woman Medium Hair Style 100
헤어스타일을 상담하기 위해서 1990년대 중반 헤어스타일 일러스트레이션을 시작했고,
지금으로부터 16~20년 전에 그린 헤어스타일입니다.

Lim Kyung Keun Hair Style Illustration

Woman Medium Hair Style 100
헤어스타일을 상담하기 위해서 1990년대 중반 헤어스타일 일러스트레이션을 시작했고,
지금으로부터 16~20년 전에 그린 헤어스타일입니다.

Lim Kyung Keun Hair Style Illustration

Woman Medium Hair Style 100
헤어스타일을 상담하기 위해서 1990년대 중반 헤어스타일 일러스트레이션을 시작했고,
지금으로부터 16~20년 전에 그린 헤어스타일입니다.

Lim Kyung Keun Hair Style Illustration

076

Woman Medium Hair Style 100
헤어스타일을 상담하기 위해서 1990년대 중반 헤어스타일 일러스트레이션을 시작했고,
지금으로부터 16~20년 전에 그린 헤어스타일입니다.

임경근 헤어스타일 일러스트레이션
Lim Kyung Keun Hair Style Illustration

Woman Long Hair Style 53
헤어스타일을 상담하기 위해서 1990년대 중반 헤어스타일 일러스트레이션을 시작했고,
지금으로부터 16~20년 전에 그린 헤어스타일입니다.

Lim Kyung Keun Hair Style Illustration

Woman Long Hair Style 53

헤어스타일을 상담하기 위해서 1990년대 중반 헤어스타일 일러스트레이션을 시작했고,
지금으로부터 16~20년 전에 그린 헤어스타일입니다.

Lim Kyung Keun Hair Style Illustration

Woman Long Hair Style 53
헤어스타일을 상담하기 위해서 1990년대 중반 헤어스타일 일러스트레이션을 시작했고,
지금으로부터 16~20년 전에 그린 헤어스타일입니다.

Lim Kyung Keun Hair Style Illustration

Woman Long Hair Style 53
헤어스타일을 상담하기 위해서 1990년대 중반 헤어스타일 일러스트레이션을 시작했고,
지금으로부터 16~20년 전에 그린 헤어스타일입니다.

Lim Kyung Keun Hair Style Illustration

Woman Long Hair Style 53
헤어스타일을 상담하기 위해서 1990년대 중반 헤어스타일 일러스트레이션을 시작했고,
지금으로부터 16~20년 전에 그린 헤어스타일입니다.

임경근 헤어스타일 일러스트레이션
Lim Kyung Keun Hair Style Illustration

Man Hair Style 26
헤어스타일을 상담하기 위해서 1990년대 중반 헤어스타일 일러스트레이션을 시작했고,
지금으로부터 16~20년 전에 그린 헤어스타일입니다.

Lim Kyung Keun Hair Style Illustration

Man Hair Style 26
헤어스타일을 상담하기 위해서 1990년대 중반 헤어스타일 일러스트레이션을 시작했고,
지금으로부터 16~20년 전에 그린 헤어스타일입니다.

Lim Kyung Keun Hair Style Illustration

Man Hair Style 26
헤어스타일을 상담하기 위해서 1990년대 중반 헤어스타일 일러스트레이션을 시작했고,
지금으로부터 16~20년 전에 그린 헤어스타일입니다.

예술과 과학을 통한 아름다움 창조

임경근 헤어스타일 디자인 914가지를 소개합니다.

Innovation by Design

임경근 헤어스타일 디자인 914세트(1세트: 정면, 측면, 후면, 헤어스타일)을 소개합니다.

914가지의 여성, 남성 헤어스타일 디자인은 10년 동안 저자의 열정으로 디자인되고 제작되었습니다.

914가지의 헤어스타일은 2권, 3권, 4권, 5권에 헤어스타일의 해설과 얼굴형에 어울리는 페이스 타입이 수록되어 있고, 914가지 헤어스타일은 모바일 앱, 촬영 시스템의 인공지능 자동화 헤어스타일 피팅 시스템으로 개발되어 서비스를 시작합니다.

헤어디자이너 임경근은 매년 새로운 200가지 헤어스타일을 제작하여 트렌드를 제시하고, 업데이트하고 서적으로 출간되어 고객의 헤어스타일이 개성화되어 감동할 수 있도록 하겠습니다.

예술과 과학을 통한 아름다움 창조

| Short Hair Style 270 |

  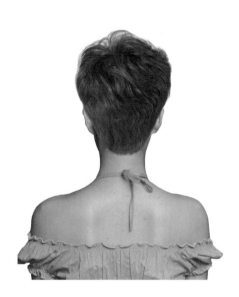

| Short Hair Style 270 |

숏 헤어스타일 270가지는 모바일 앱, 촬영 시스템의 인공지능 자동화 헤어스타일 피팅 시스템으로
개발되어 서비스를 시작합니다.

헤어디자이너 임경근은 매년 새로운 약 200 헤어스타일을 제작하여 트렌드를 제시하고,
업데이트하고 서적으로 출판되어 고객의 헤어스타일이 개성화되어 감동할 수 있도록 하겠습니다.

CONTENTS Woman Short Hair Style Design

 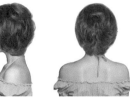      

028page 029page 030page

  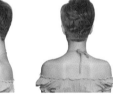      

031page 032page 033page

 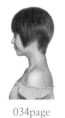       

034page 035page 036page

037page 038page 039page

CONTENTS Woman Short Hair Style Design

040page · 041page · 042page

 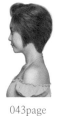 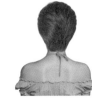      

043page · 044page · 045page

046page · 047page · 048page

049page · 050page · 051page

CONTENTS   Woman Short Hair Style Design

 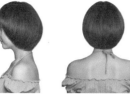      

052page   053page   054page

  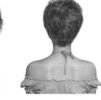     

055page   056page   057page

058page   059page   060page

061page   062page   063page

CONTENTS   Woman Short Hair Style Design

064page 065page 066page

        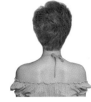

067page 068page 069page

070page 071page 072page

073page 074page 075page

CONTENTS Woman Short Hair Style Design

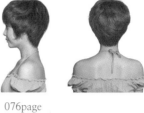

076page   077page   078page

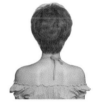

079page   080page   081page

082page   083page   084page

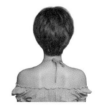

085page   086page   087page

CONTENTS Woman Short Hair Style Design

088page   089page   090page

091page   092page   093page

094page   095page   096page

097page   098page   099page

CONTENTS Woman Short Hair Style Design

100page 101page 102page

  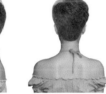   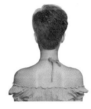 

103page 104page 105page

    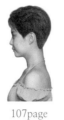    

106page 107page 108page

109page 110page 111page

CONTENTS Woman Short Hair Style Design

 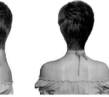      

112page   113page   114page

115page   116page   117page

118page   119page   120page

121page   122page   123page

CONTENTS   Woman Short Hair Style Design

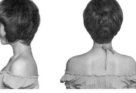

124page   125page   126page

127page   128page   129page

130page   131page   132page

133page   134page   135page

CONTENTS   Woman Short Hair Style Design

136page   137page   138page

139page   140page   141page

142page   143page   144page

145page   146page   147page

CONTENTS   Woman Short Hair Style Design

 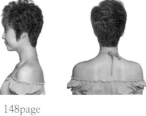      

148page   149page   150page

     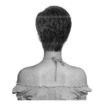  

151page   152page   153page

154page   155page   156page

     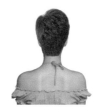   

157page   158page   159page

CONTENTS Woman Short Hair Style Design

B(Blue) frog Lim Hair Style Design

160page　161page　162page

163page　164page　165page

166page　167page　168page

169page　170page　171page

CONTENTS   Woman Short Hair Style Design

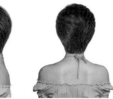

172page   173page   174page

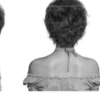

175page   176page   177page

178page   179page   180page

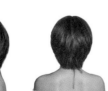

181page   182page   183page

CONTENTS   Woman Short Hair Style Design

B(Blue) frog Lim Hair Style Design

184page   185page   186page

187page   188page   189page

190page   191page   192page

193page   194page   195page

CONTENTS Woman Short Hair Style Design

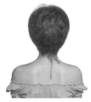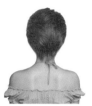

196page 197page 198page

199page 200page 201page

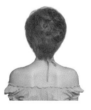

202page 203page 204page

205page 206page 207page

CONTENTS Woman Short Hair Style Design

208page　　　　　　　209page　　　　　　　210page

211page　　　　　　　212page　　　　　　　213page

214page　　　　　　　215page　　　　　　　216page

     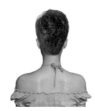   

217page　　　　　　　218page　　　　　　　219page

CONTENTS   Woman Short Hair Style Design

220page 221page 222page

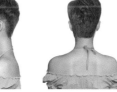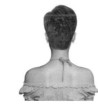

223page 224page 225page

226page 227page 228page

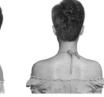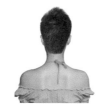

229page 230page 231page

CONTENTS Woman Short Hair Style Design

232page 233page 234page

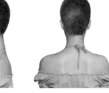

235page 236page 237page

238page 239page 240page

241page 242page 243page

CONTENTS   Woman Short Hair Style Design

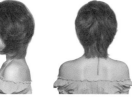

244page   245page   246page

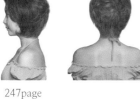

247page   248page   249page

250page   251page   252page

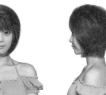

253page   254page   255page

CONTENTS   Woman Short Hair Style Design

256page   257page   258page

259page   260page   261page

262page   263page   264page

265page   266page   267page

CONTENTS Woman Short Hair Style Design

268page   269page   270page

271page   272page   273page

274page   275page   276page

277page   278page   279page

CONTENTS Woman Short Hair Style Design

280page 281page 282page

283page 284page 285page

286page 287page 288page

289page 290page 291page

CONTENTS   Woman Short Hair Style Design

292page   293page   294page

295page   296page   297page

예술과 과학을 통한 아름다움 창조

| Medium Hair Style 297 |

| Medium Hair Style 297 |

미디움 헤어스타일 297가지는 모바일 앱, 촬영 시스템의 인공지능 자동화 헤어스타일 피팅 시스템으로
개발되어 서비스를 시작합니다.

헤어디자이너 임경근은 매년 새로운 약 200가지 헤어스타일을 제작하여 트렌드를 제시하고,
업데이트하고 서적으로 출판되어 고객의 헤어스타일이 개성화되어 감동할 수 있도록 하겠습니다.

CONTENTS Woman Medium Hair Style Design

030page   031page   032page

033page   034page   035page

036page   037page   038page

039page   040page   041page

CONTENTS   Woman Medium Hair Style Design

042page

043page

044page

045page

046page

047page

048page

049page

050page

051page

052page

053page

CONTENTS   Woman Medium Hair Style Design

054page   055page   056page

057page   058page   059page

060page   061page   062page

063page   064page   065page

CONTENTS   Woman Medium Hair Style Design

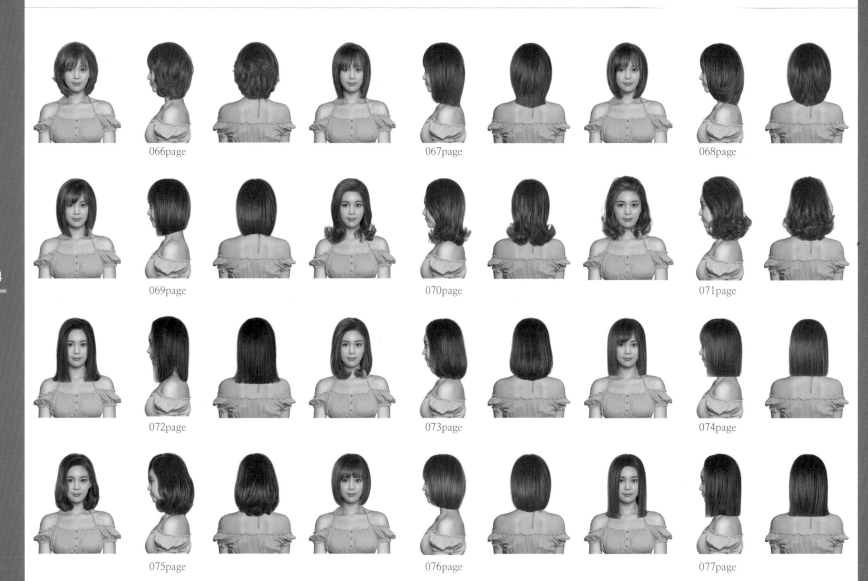

066page

067page

068page

069page

070page

071page

072page

073page

074page

075page

076page

077page

CONTENTS Woman Medium Hair Style Design

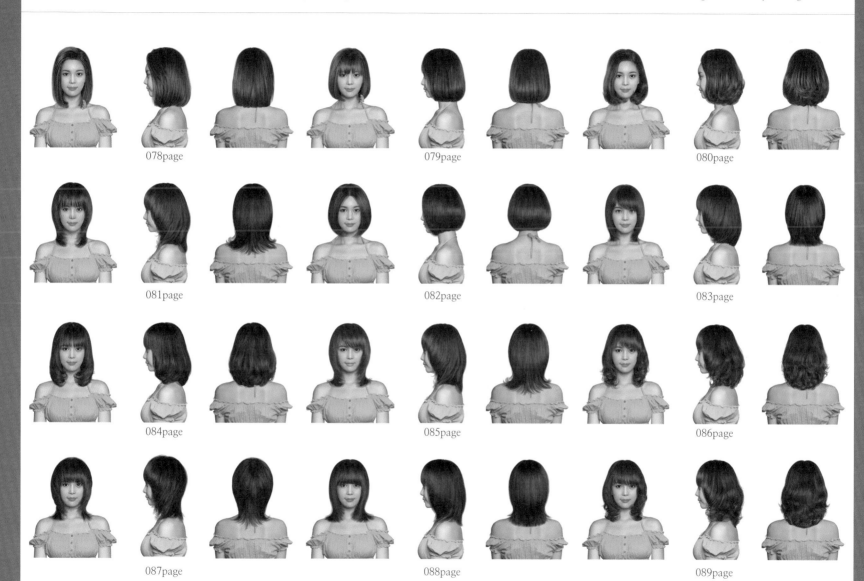

078page

079page

080page

081page

082page

083page

084page

085page

086page

087page

088page

089page

CONTENTS   Woman Medium Hair Style Design

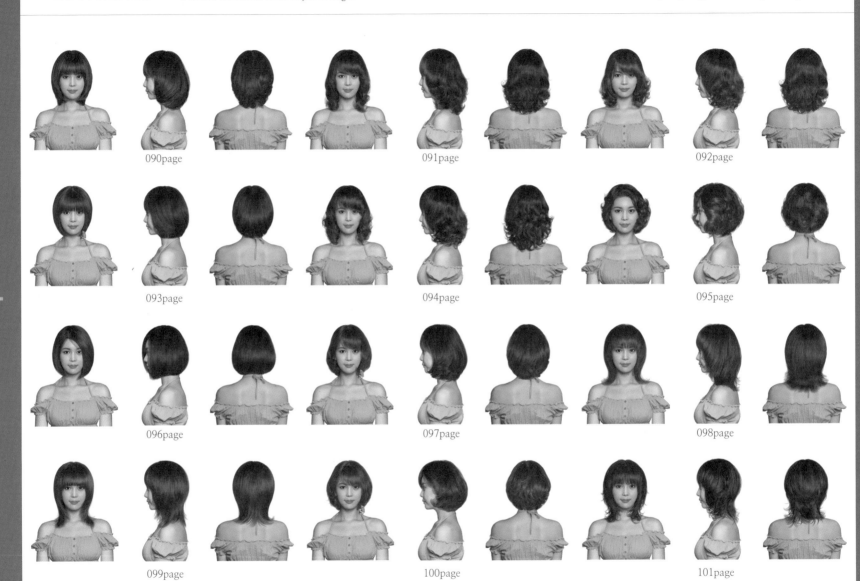

090page

091page

092page

093page

094page

095page

096page

097page

098page

099page

100page

101page

CONTENTS   Woman Medium Hair Style Design

102page   103page   104page

105page   106page   107page

108page   109page   110page

111page   112page   113page

CONTENTS   Woman Medium Hair Style Design

114page   115page   116page

117page   118page   119page

120page   121page   122page

123page   124page   125page

CONTENTS   Woman Medium Hair Style Design

 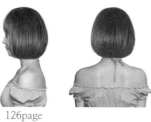      

126page   127page   128page

  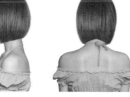      

129page   130page   131page

132page   133page   134page

135page   136page   137page

CONTENTS   Woman Medium Hair Style Design

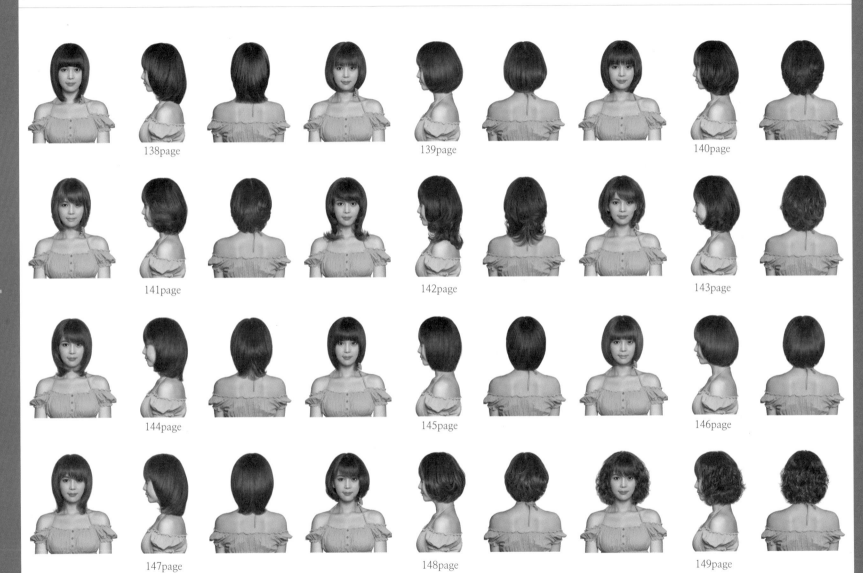

138page

139page

140page

141page

142page

143page

144page

145page

146page

147page

148page

149page

CONTENTS   Woman Medium Hair Style Design

150page

151page

152page

153page

154page

155page

156page

157page

158page

159page

160page

161page

CONTENTS   Woman Medium Hair Style Design

       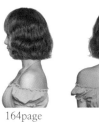 

162page   163page   164page

165page   166page   167page

168page   169page   170page

171page   172page   173page

CONTENTS Woman Medium Hair Style Design

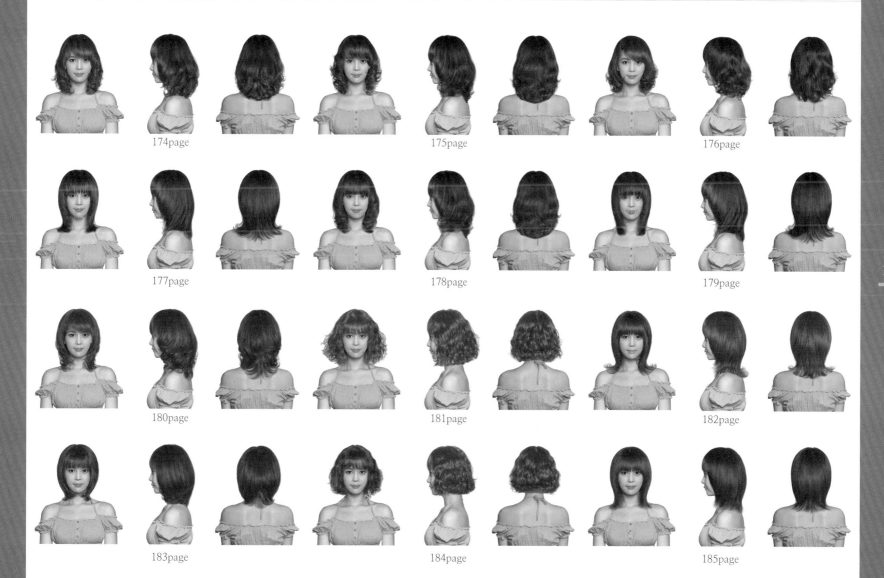

174page

175page

176page

177page

178page

179page

180page

181page

182page

183page

184page

185page

CONTENTS   Woman Medium Hair Style Design

186page   187page   188page

189page   190page   191page

192page   193page   194page

195page   196page   197page

CONTENTS   Woman Medium Hair Style Design

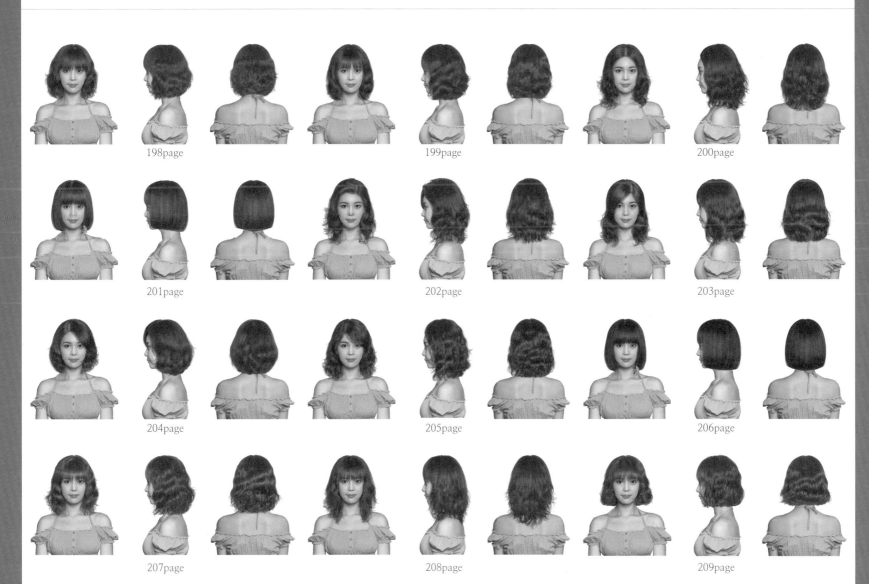

198page

199page

200page

201page

202page

203page

204page

205page

206page

207page

208page

209page

CONTENTS   Woman Medium Hair Style Design

210page   211page   212page

213page   214page   215page

    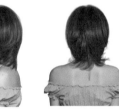 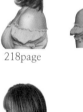

216page   217page   218page

219page   220page   221page

CONTENTS Woman Medium Hair Style Design

222page 223page 224page

225page 226page 227page

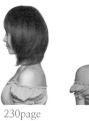

228page 229page 230page

231page 232page 233page

CONTENTS   Woman Medium Hair Style Design

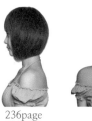

234page   235page   236page

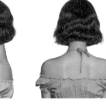

237page   238page   239page

240page   241page   242page

243page   244page   245page

CONTENTS Woman Medium Hair Style Design

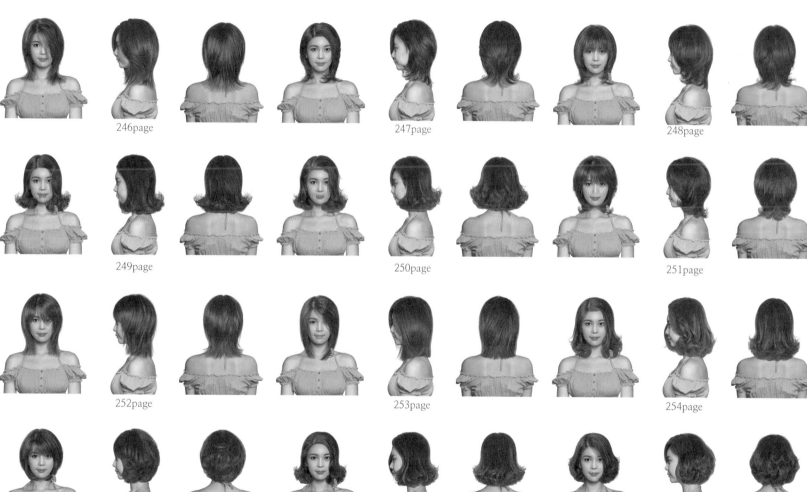

246page

247page

248page

249page

250page

251page

252page

253page

254page

255page

256page

257page

CONTENTS Woman Medium Hair Style Design

258page   259page   260page

261page   262page   263page

264page   265page   266page

267page   268page   269page

CONTENTS   Woman Medium Hair Style Design

270page   271page   272page

273page   274page   275page

276page   277page   278page

279page   280page   281page

CONTENTS Woman Medium Hair Style Design

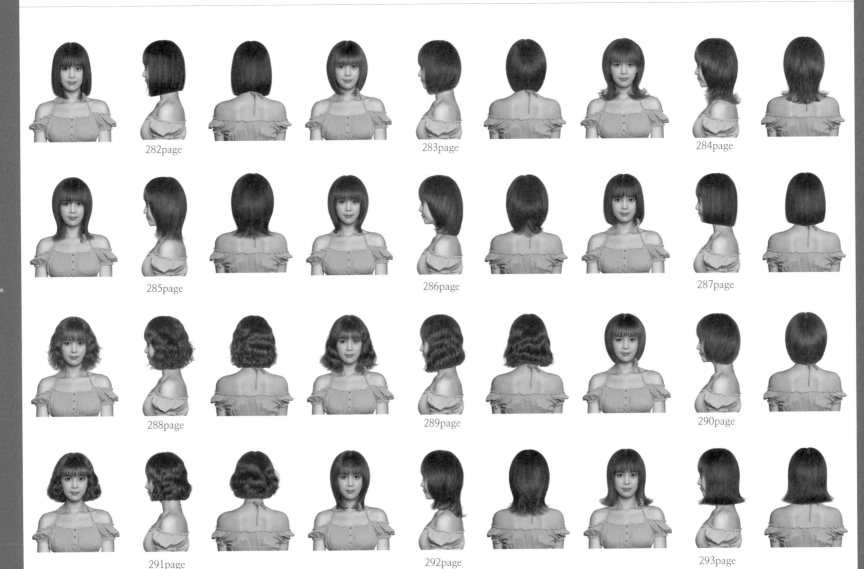

282page

283page

284page

285page

286page

287page

288page

289page

290page

291page

292page

293page

CONTENTS Woman Medium Hair Style Design

294page

295page

296page

297page

298page

299page

300page

301page

302page

303page

304page

305page

CONTENTS   Woman Medium Hair Style Design

   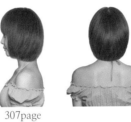   

306page   307page   308page

309page   310page   311page

       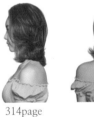 

312page   313page   314page

315page   316page   317page

CONTENTS   Woman Medium Hair Style Design

318page   319page   320page

321page   322page   323page

324page   325page   326page

예술과 과학을 통한 아름다움 창조

| Long Hair Style 233 |

| Long Hair Style 233 |

롱 헤어스타일 233가지는 모바일 앱, 촬영 시스템의 인공지능 자동화 헤어스타일 피팅 시스템으로
개발되어 서비스를 시작합니다.

헤어디자이너 임경근은 매년 새로운 약 200가지 헤어스타일을 제작하여 트렌드를 제시하고,
업데이트하고 서적으로 출간되어 고객의 헤어스타일이 개성화되어 감동할 수 있도록 하겠습니다.

CONTENTS   Woman Long Hair Style Design

023page   024page   025page

026page   027page   028page

029page   030page   031page

032page   033page   034page

CONTENTS Woman Long Hair Style Design

035page

036page

037page

038page

039page

040page

041page

042page

043page

044page

045page

046page

CONTENTS   Woman Long Hair Style Design

047page 048page 049page

050page 051page 052page

053page 054page 055page

056page 057page 058page

CONTENTS   Woman Long Hair Style Design

059page   060page   061page

062page   063page   064page

065page   066page   067page

068page   069page   070page

CONTENTS   Woman Long Hair Style Design

071page   072page   073page

074page   075page   076page

077page   078page   079page

080page   081page   082page

CONTENTS　Woman Long Hair Style Design

083page　　084page　　085page

086page　　087page　　088page

089page　　090page　　091page

092page　　093page　　094page

CONTENTS   Woman Long Hair Style Design

095page   096page   097page

098page   099page   100page

101page   102page   103page

104page   105page   106page

CONTENTS   Woman Long Hair Style Design

107page   108page   109page

110page   111page   112page

113page   114page   115page

116page   117page   118page

CONTENTS Woman Long Hair Style Design

119page 120page 121page

122page 123page 124page

125page 126page 127page

128page 129page 130page

CONTENTS   Woman Long Hair Style Design

131page 132page 133page

134page 135page 136page

137page 138page 139page

140page 141page 142page

CONTENTS Woman Long Hair Style Design

143page 144page 145page

146page 147page 148page

149page 150page 151page

152page 153page 154page

CONTENTS Woman Long Hair Style Design

155page 156page 157page

158page 159page 160page

161page 162page 163page

164page 165page 166page

CONTENTS Woman Long Hair Style Design

167page 168page 169page

170page 171page 172page

173page 174page 175page

176page 177page 178page

CONTENTS   Woman Long Hair Style Design

179page   180page   181page

182page   183page   184page

185page   186page   187page

188page   189page   190page

CONTENTS   Woman Long Hair Style Design

191page 192page 193page

194page 195page 196page

197page 198page 199page

200page 201page 202page

CONTENTS Woman Long Hair Style Design

203page   204page   205page

206page   207page   208page

209page   210page   211page

212page   213page   214page

CONTENTS   Woman Long Hair Style Design

215page 216page 217page

218page 219page 220page

221page 222page 223page

224page 225page 226page

CONTENTS   Woman Long Hair Style Design

227page   228page   229page

230page   231page   232page

233page   234page   235page

236page   237page   238page

CONTENTS Woman Long Hair Style Design

239page   240page   241page

242page   243page   244page

245page   246page   247page

248page   249page   250page

CONTENTS Woman Long Hair Style Design

251page   252page   253page

254page   255page

예술과 과학을 통한 아름다움 창조

| Man Hair Style 114 |

| Man Hair Style 114 |

남성 헤어스타일 114가지는 모바일 앱, 촬영 시스템의 인공지능 자동화 헤어스타일 피팅 시스템으로
개발되어 서비스를 시작합니다.

헤어디자이너 임경근은 매년 새로운 약 200가지 헤어스타일을 제작하여 트렌드를 제시하고,
업데이트하고 서적으로 출판되어 고객의 헤어스타일이 개성화되어 감동할 수 있도록 하겠습니다.

CONTENTS Man Hair Style Design

013page   014page   015page

016page   017page   018page

019page   020page   021page

022page   023page   024page

CONTENTS Man Hair Style Design

025page
026page
027page

028page
029page
030page

031page
032page
033page

034page
035page
036page

CONTENTS   Man Hair Style Design

       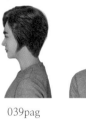 

037page   038page   039pag

e   040page   041page   042page

043page   044page   045page

046page   047page   048page

CONTENTS   Man Hair Style Design

   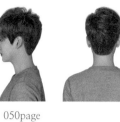   

049page   050page   051page

052page   053page   054page

055page   056page   057page

058page   059page   060page

CONTENTS   Man Hair Style Design

061page   062page   063page

064page   065page   066page

067page   068page   069page

   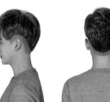    

070page   071page   072page

CONTENTS Man Hair Style Design

073page 074page 075page

076page 077page 078page

079page 080page 081page

082page 083page 084page

CONTENTS   Man Hair Style Design

085page 086page 087page

088page 089page 090page

091page 092page 093page

094page 095page 096page

CONTENTS   Man Hair Style Design

097page   098page   099page

100page   101page   102page

103page   104page   105page

106page   107page   108page

CONTENTS   Man Hair Style Design

109page   110page   111page

112page   113page   114page

 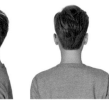      

115page   116page   117pag

e   118page   119page   120page

CONTENTS   Man Hair Style Design

121page   122page   123page

124page   125page

126page

Innovation by Design

예술과 과학을 통한 아름다움 창조

세종우수학술도서

(주)광문각출판미디어 책에는 특별한 그 무엇이 있습니다.
한 그루의 과실나무를 심는 마음으로 좋은 책 출판에 熱과 誠을 다합니다.

광문각
북스타
사이언스주니어 ─────

2020
대통령표창
수상
[과학의 날]

(주)광문각출판미디어 책에는 특별한 그 무엇이 있습니다.
한 그루의 과실나무를 심는 마음으로 좋은 책 출판에 熱과 誠을 다합니다.

최신 모발학

장병수, 이귀영 공저
46배판 / 384쪽 / 정가 : 30,000원
/ 컬러
ISBN : 978-89-7093-608-6

기초 헤어커트 실습서

최은정, 강갑연 공저
국배판 / 104쪽 / 정가 : 14,000원
ISBN : 978-89-7093-829-5

남성 기초커트 (생활편)

한국우리머리연구소 채선숙,
윤아람, 전혜민 공저
46배판 / 152쪽 / 정가 : 19,000원
ISBN : 978-89-7093-818-9

반영구 뷰티 메이크업
이론 및 실습

변채영, 신채원, 이화순 공저
국배판 / 208쪽 / 정가 : 25,000원
ISBN : 978-89-7093-399-3

NCS 기반
베이직 헤어커트

최은정, 김동분 공저
국배판 / 176쪽 / 정가 : 24,000원
ISBN : 978-89-7093-913-1

두피 모발 관리학

강갑연, 석유나, 이명화, 임순녀 공저
46배판 / 256쪽 / 정가 : 20,000원
ISBN : 978-89-7093-856-1

토털 반영구화장

김도연 저
국배판 / 224쪽 / 정가 : 25,000원
ISBN : 978-89-7093-445-7

실전 남성커트 & 이용사
실기 실습서

최은정, 진영모 공저
국배판 / 128쪽 / 정가 : 19,000원
ISBN : 978-89-7093-830-1

NCS 기반
응용 디자인
헤어 커트

최은정, 문금옥 공저
국배판 / 232쪽 / 정가 : 25,000원
ISBN : 978-89-7093-530-0

헤어컷 디자인

오지영, 반효정, 이부형, 배선향,
심은옥 공저
46배판 / 208쪽 / 정가 : 25,000원
/ 컬러
ISBN : 978-89-7093-765-6

NCS기반
두피모발관리

전희영, 김모진, 김해영, 이부형,
김동분 공저
46배판 / 152쪽 / 정가 : 20,000원
ISBN : 978-89-7093-840-0

NCS기반 헤어트렌드
분석 및 개발
헤어 캡스톤 디자인

최은정, 맹유진 공저
국배판 / 272쪽 / 정가 : 28,000원
ISBN : 978-89-7093-934-6

블로드라이&업스타일

김혜경, 김신정, 김정현, 권기형,
유선이, 유의경, 이윤주, 송미라,
강영숙, 강은란, 정용성 공저
46판 / 224쪽 / 정가 : 23,000원
ISBN : 978-89-7093-409-9

최신
업&스타일링

신부섭, 심인섭, 고성현, 강갑연,
이부형, 이영미, 강은란 공저
국배판 / 158쪽 / 정가 : 30,000원
ISBN : 978-89-7093-683-3

Hair mode

임경근 저
국배판 / 143쪽 / 정가 : 35,000원 /
컬러
ISBN : 978-89-7093-272-9

최신 NCS 기반
블로우드라이 & 아이론
헤어스타일링

최은정, 신미주, 하성현, 제갈美,
최옥순 공저
국배판 / 216쪽 / 정가 : 25,000원
ISBN : 978-89-7093-932-2

헤어디자인 창작론

최은정, 노인선, 진영모 지음
국배판 / 256쪽 / 정가 : 27,000원
ISBN : 978-89-7093-881-3

Hair DESIGN &
Illustration

임경근 저
국배판 / 20/쪽 / 정가 : 38,000원 /
컬러
ISBN 978-89-7093-273-6

업스타일 정석

김환, 장선엽, 이현진 공저
국배판 / 200쪽 / 정가 : 32,000원
ISBN : 978-89-7093-723-6

업스타일링

김지연 , 류은주 , 유명자 공저
국배판 / 134쪽 / 정가 : 24,000원
ISBN : 978-89-7093-718-2

인터랙티브
헤어모드(스타일)

임경근 저
46판 변형 / 204쪽 /
정가 : 32,000원
ISBN : 978-89-7093-426-6

블로우드라이 & 아이론

정찬이, 김동분, 반세나, 임순녀 공저
국배판 / 176쪽 / 정가 : 27,000원
ISBN : 978-89-7093-938-4

헤어펌 웨이브 디자인

권미윤, 최영희, 이부형, 안영희 공저
46판 / 200쪽 / 정가 : 22,000원
ISBN : 978-89-7093-797-7

인터랙티브
헤어모드(기술메뉴얼)

임경근 저
46판 변형 / 243쪽 /
정가 : 27,000원
ISBN : 978-89-7093-427-3

NCS 기반
기초 디자인 헤어커트

최은정, 문금옥, 박명순, 박광희,
이부형 공저
국배판 / 296쪽 / 정가 : 28,000원
ISBN : 978-89-7093-880-6

미용 서비스 관리론

장선엽 지음
46배판 / 185쪽 / 정가 : 24,000원
ISBN : 978-89-7093-773-1

미용경영학&CRM

최영희 , 안현경 , 권미윤, 현경화,
구태규, 이서윤 공저
46배판 / 286쪽 / 정가 : 23,000원
ISBN : 978-89-7093-716-8

헤어컬러링

맹유진 지음
국배판 / 128쪽 / 정가 : 24,000원
ISBN : 978-89-7093-906-3

고전으로 본 전통머리

조성옥, 강덕녀, 김현미, 김윤선,
이인희 공저
46배판 / 248쪽 / 정가 : 28,000원
ISBN : 978-89-7093-640-2

임상헤어 두피관리

이향욱, 유미금, 김정숙, 정미경,
김정남 공저
46배판 / 326쪽 / 정가 : 40,000원
ISBN : 978-89-7093-694-9

NCS 기반
남성헤어커트&
캡스톤 디자인

최은정, 진영모, 김광희 공저
국배판 / 288쪽 / 정가 : 28,000원
ISBN : 978-89-7093-977-3

뷰티 디자인

김진숙, 정영신, 차유림, 류지원,
박은준,이선심, 김나연 공저
46배판 / 314쪽 / 정가 : 22,000원
ISBN : 978-89-7093-770-0

NCS 기반으로 한
뷰티 트렌드 분석 및
개발

이현진, 임선희, 유현아, 하성현,
차현희 공저
국배판 / 120쪽 / 정가 : 15,000원
ISBN : 978-89-7093-914-8

모발&두피관리학

전세열, 조중원, 송미라, 강갑연,
이부형, 윤정순, 유미금 공저
46배판 / 264쪽 / 정가 : 18,000원
ISBN : 978-89-7093-388-7

미용문화사

정현진, 정매자, 이명선, 이점미 공저
신국판 / 216쪽 / 정가 : 20,000원
ISBN : 978-89-7093-789-2

최신 피부과학

홍란희, 김윤정, 송다해, 석은경 공저
46배판 / 200쪽 / 정가 : 22,000원
/ 컬러
ISBN 978-89-7093-703-8

기초 실무 안면피부관리

이연희, 홍승정, 장매화, 김현화,
종서우 공저
46배판 / 128쪽 / 정가 : 17,000원
ISBN : 978-89-7093-667-3

기초 피부관리 실습

김금란, 이유미, 장순남, 이주현 공저
46배판 / 164쪽 / 정가 : 20,000원
ISBN : 978-89-7093-855-4

화장품 위생관리

최화정, 박미란, 정다빈 공저
46배판 / 264쪽 / 정가 : 20,000원
ISBN : 978-89-7093-563-8

키 성장 마사지&체형관리

배정아, 현경화, 김미영 공저
46배판 / 232쪽 / 정가 : 20,000원
ISBN : 978-89-7093-754-0

경락미용과 한방

이넉수, 김문주, 김영순, 자 훈,
김선희, 김 란, 장미경 공저
46배판 / 384쪽 / 정가 : 22,000원
ISBN : 978-89-7093-354-2

화장품 품질관리

최화정, 박미란, 정다빈 공저
46배판 / 324쪽 / 정가 : 22,000원
ISBN : 978-89-7093-559-1

기초 실무 전신피부관리

홍승정, 이연희, 최은영 외 공저
46배판 / 128쪽 / 정가 : 17,000원
ISBN : 978-89-7093-582-9

전신피부관리 실습

이유미, 김금란, 장순남, 이인복 공저
46배판 / 168쪽 / 정가 : 20,000원
ISBN : 978-89-7093-638-3

발반사 건강요법

이명선, 오지민, 오영숙,
김주연, 양현옥 공저
46배판 / 172쪽 / 정가 : 22,000원
/ 컬러
ISBN : 978-89-7093-631-4

수정괄사요법

한중자연족부괄사건강연구협회,
한국대체요법연구회 저
46배판 / 391쪽 / 정가 : 25,000원
ISBN : 978-89-7093-321-4

Basic Massage Technique (개정판)

김주연, 설현, 홍승정 공저
국배판 / 175쪽 / 정가 : 17,000원
ISBN : 978-89-7093-345-0

미용과 건강을 위한
활용 아로마테라피

이애란, 현경화, 조아랑, 오영숙 공저
46배판 / 320쪽 / 정가 : 28,000원
ISBN : 978-89-7093-778-6

뷰티 일러스트레이션

최영숙, 김양은, 곽지은, 석은 경,
주은경, 이주영 공저
46배판 / 208쪽 / 정가 : 23,000원
ISBN : 978-89-7093-685-7

미용색채

김용선, 노희영, 이경희, 이정민,
권구정 공저
국배판 / 186쪽 / 정가 : 25,000원 /
컬러
ISBN : 978-89-7093-656-7

한권으로 합격하기
미용사 네일
필기시험 (개정판)

이서윤, 이미춘, 조미자, 김은영
공저 | 한국네일미용학회 감수
46배판 / 472쪽 / 정가 : 29,000원
ISBN : 978-89-7093-775-5

실용 메이크업

노희영, 김용선, 이정민 , 홍승욱 공저
46배판 / 180쪽 / 정가 : 24,000원
/ 컬러
ISBN : 978-89-7093-503-4

아트메이크업

김양은, 이미희, 송미영, 김은주 공저
46배판 / 128쪽 / 정가 : 20,000원
ISBN : 978-89-7093-502-7

응용 네일아트

이서윤, 이미춘, 김은영, 김나영 공저
46배판 / 224쪽 / 정가 : 26,000원
ISBN : 978-89-7093-740-3

뷰티 일러스트레이션

임여경 저
국배판 / 136쪽 / 정가 : 20,000원 /
컬러
ISBN : 978-89-7093-726-7

색채디자인

김희선, 박춘심, 양수미, 양진희,
조고미 공저
46배판 변형/164쪽 /
정가 : 20,000원 / 컬러
ISBN : 978-89-7093-516-4

소독 및 전염병학

송미라, 임순녀, 이재란, 장진미,
송지현, 김소희 공저
46배판 / 290쪽 / 정가 : 19,000원
ISBN : 978-89-7093-616-1

성격분장

정기훈, 이미희, 김은희, 장진미 공저
46배판 /296쪽 / 정가 : 28,000원
ISBN : 978-89-7093-596-6

NCS기반
네일미용학

이미춘, 이서윤, 조미자, 심정희,
김은영, 천지연, 이미희 공저
46배판 / 368쪽 / 정가 : 28,000원
/ 컬러
ISBN : 978-89-7093-795-3

화장품 생물 신소재

안봉전, 이진태, 이창언 공저
46배판 / 278쪽 / 정가 : 20,000원
ISBN : 978-89-7093-517-1

Lim Kyung Keun

Creative Hair Style Design <u>1</u>

초판 1쇄 발행   2022년 10월   1일
초판 1쇄 발행   2022년 10월 10일

지 은 이 | 임경근
펴 낸 이 | 박정태
편 집 이 사 | 이명수   감수교정 | 정하경
편 집 부 | 김동서, 전상은, 김지희
마 케 팅 | 박명준, 박두리   온라인마케팅 | 박용대
경 영 지 원 | 최윤숙

펴낸곳   주식회사 광문각출판미디어
출판등록   2022. 9. 2 제2022-000102호
주소   파주시 파주출판문화도시 광인사길 161 광문각 B/D 3F
전화   031)955-8787
팩스   031)955-3730
E-mail   kwangmk7@hanmail.net
홈페이지   www.kwangmoonkag.co.kr

ISBN   979-11-980059-1-5   14590
              979-11-980059-0-8   (세트)
가격   25,000원(제1권)
              200,000원(전6권 세트)

※ 본 도서는 네이버에서 제공한 나눔글꼴을 사용하여 제작되었습니다.